DIE „VORTRÄGE UND SCHRIFTEN" WENDEN SICH AN DIE WEITEN KREISE DERER, DIE AN WISSENSCHAFTLICHER FORSCHUNGSARBEIT ANTEIL NEHMEN

1. Heft: Wesen und Aufgaben der Akademie. Vier Vorträge von Th. Vahlen, E. Heymann, L. Bieberbach und H. Grapow. 8°. III, 43 Seiten. 1940. RM 2.—

2. Heft: Bodenordnung als volkspolitische Aufgabe und Zielsetzung nationalsozialistischen Ordnungswillens. Von Prof. Dr. Konrad Meyer. 8°. III, 25 Seiten u. eine Tafel. 1940. RM 1.20

3. Heft: Die kosmische Ultrastrahlung als Forschungsproblem. Von Prof. Dr. H. Geiger. 8°. 33 Seiten. 1940. RM 1.30

4. Heft: Nationalgedanke und Dichtung in Italien. Von Prof. Dr. E. Winkler. 8°. 31 Seiten. 1940. RM 1.20

5. Heft: Die alten Bevölkerungsverhältnisse Rußlands im Lichte der Sprachforschung. Von Prof. Dr. M. Vasmer. 8°. 35 Seiten mit einer Karte. 1941. RM 1.85

6. Heft: Caesars weltgeschichtliche Leistung. Von Prof. Dr. Matthias Gelzer. 8°. 34 Seiten. 1941. RM 1.30

7. Heft: Stoffe, Kräfte und Gedanken als Träger chemischer Gestaltung. Von Prof. Dr. Peter A. Thiessen. 8°. 27 Seiten. 1941. RM 1.—

8. Heft: Die biologische Chemie im Dienste der Volksgesundheit. Von Prof. Dr. Adolf Butenandt. 8°. 21 Seiten. 1941. RM —.80

9. Heft: Zur Frühgeschichte der Astronomie in Berlin. Von Prof. Dr. Hans Ludendorff†. 8°. 23 Seiten. 1942. RM —.90

10. Heft: Die Gezeiten der festen Erde, des Meeres und der Atmosphäre. Von Prof. Dr. Albert Defant. 8°. 36 Seiten. 1942. RM 1.20

11. Heft: König Friedrich Wilhelm I. als Begründer des preußischen Staates. Von Prof. Dr. Fritz Hartung. 8°. 36 Seiten. 1942. RM 1.—

12. Heft: Die alttertiären Säugetiere Mitteldeutschlands nach den Hallenser Grabungen im Geiseltal und bei Walbeck. Von Prof. Dr. Johannes Weigelt

DIE HEFTE ERSCHEINEN IN ZWANGLOSER FOLGE

PREUSSISCHE AKADEMIE DER WISSENSCHAFTEN
VORTRÄGE UND SCHRIFTEN
HEFT 12

DIE ALTTERTIÄREN

SÄUGETIERE

MITTELDEUTSCHLANDS NACH DEN HALLENSER GRABUNGEN IM GEISELTAL UND BEI WALBECK

VON
PROF. DR. JOHANNES WEIGELT

BERLIN 1942
VERLAG WALTER DE GRUYTER & CO
VORMALS G. J. GÖSCHEN'SCHE VERLAGSHANDLUNG · J. GUTTENTAG, VERLAGS-BUCHHANDLUNG · GEORG REIMER · KARL J. TRÜBNER · VEIT & COMP.

Printed in Germany
Druck von Walter de Gruyter & Co., Berlin W 35
Archiv Nr. 345842

Vor etwa 60 Millionen Jahren geht die Kreideformation zu Ende. Bis auf die letzten 6—800000 Jahre, die der Eiszeit angehören, entfällt der Zeitabschnitt bis zur Gegenwart auf das Zeitalter des Tertiärs, das man wiederum in 5 Abteilungen: das Paleocän, Eocän, Oligocän, Miocän und Pliocän gliedert. Fast alle Hauptstädte Europas liegen in Tertiärbecken, die erst spät landfest geworden sind. Diese zeigen meist einen wiederholten Wechsel der Lebensbedingungen und des ökologischen Milieus, Küstenkonglomerate, Strandablagerungen, reiche Faunen führende Schichten normal gesalzenen Wassers, Verbrackung bis zur Verzwergung des Conchylienbestandes, Aussüßung, Gipslager, Landpflanzenreste und evtl. Braunkohlen, kalkreichere Ablagerungen mit Säugetierfaunen einerseits und durch Humussäureverwitterung steril gewordene Tone und Sande andererseits. Die tektonischen Veränderungen der Erdrinde bestimmen das Schicksal der Sedimentationsbecken und damit auch der Lebewelt der sich ständig abwandelnden Biotope, pendelnd um den fundamentalen Gegensatz Land oder Meer. Es ergeben sich daraus zunächst zwei ganz verschiedene Handhaben der Beurteilung. Einmal die Gliederung durch die Meeresfaunen, die allerdings bei Verbrackung und Aussüßung alles andere als kontinuierlich überliefert sind und zum zweiten die Altersbestimmung durch die terrestren Säugetierfaunen des Festlandes. Es ist daher kein Wunder, wenn man in den Schichtfolgen der europäischen Tertiärbecken zunächst gar nicht auf die Gedanken kontinuierlicher Abstammungsreihen kam, sondern im Sinne der Cuvierschen Katastrophentheorie eine ganze Folge von Neuschöpfungen der Lebewelt im Sinne der Schöpfungsgeschichte der Bibel vor sich zu haben glaubte. Denn die eingeschalteten Säugetierfaunen wurden in jähen Absätzen immer fremdartiger, je älter man sie zurückverfolgte, und die Kontinuität der marinen Faunen war nicht weniger unterbrochen. Denn es genügt ja nicht, daß das Meer wieder hereinflutet. Es kommt ja ebenso auf die Wassertiefe, die Sedimentbeschaffenheit, die Wassertemperatur, die Lage der Flußmündungen und vieles andere an. Die Faunenbestandteile knüpfen nicht sogleich oder, was gar nicht selten ist, überhaupt nicht wieder an, weil vikariierende Formen für sie eintreten. Die Gliederung der marinen Serien ist der der terrestren Schichten weit überlegen. Die marinen Evertebratenfaunen sind viel leichter aufzusammeln, im basischen kalkreichen Medium sind sie oft einwandfrei erhalten. Die Individuenzahl ist dabei nicht selten geradezu unbegrenzt groß. Und wenn die Makrofauna versagt, dann kann selbst aus kleinen Bohrproben die Mikrofauna herausgeschlämmt werden, ein Verfahren, das sich in der Ölgeologie schnell eingebürgert hat. Die Foraminiferenfauna ist so abhängig von Wassertiefe, Untergrund, Chemismus, Temperatur und Synusie, daß sie mit den sich anbahnenden palaeogeographischen Veränderungen aufs feinste reagiert und demgemäß einschneidende Wechsel ihrer Zusammensetzung erfährt. Die Gliederungen der Tertiärschichten mariner Natur sind daher viel älter und vollständiger erfaßt als die terrestren Ablagerungen. Die Gliederungen in den einzelnen Becken weichen allerdings in palaeontologischer wie in lithologischer Facies erheblich voneinander ab. Die Entwicklungszyklen — Ton, neritischer Kalk, Mergel, Strandsand, Lagune, Salzseen, See- und Flußabsätze — sind oft sehr unvollkommen entwickelt, weil sie vorzeitig abbrechen. 1833 stellte Lyell das Eocän, das Miocän und Pliocän auf und charakterisierte sie durch den Prozentsatz der heute noch lebenden Arten (etwa 5, 17 und 35—95%). Diese Feststellungen sind schwierig und nicht eindeutig. Aber das ständige Anwachsen der noch nicht ausgestorbenen Formen mit abnehmendem Alter der Faunen hat sich immer wieder bestätigt. Für die Tertiärfaunen Javas kam

Martin vom Miocän bis zum Pleistocän zu folgender Reihe der Prozentzahlen:

6,8; 16,9; 21,6; 34; 43; 51—64; 96—90%.

Die Kontinuität der Abstammungsreihen war nur in den epikontinentalen Überflutungsbecken zerrissen, im Kernraum der Ozeane und in ihrem beweglichen Randsaum aber blieb sie erhalten, wobei allerdings immer wieder Lokalfaunen zum Absterben kamen. Charakteristisch für die Landablagerungen ist die Einschaltung der Vegetationsreste. Laubbläter können annähernd so häufig vorkommen wie marine Schaltiere, und die Pflanzenreste können sich, wenn das Bewegungstempo des tektonisch bedingten Ablagerungsraumes günstig ist, zu mächtigen Braunkohlenablagerungen anhäufen. Deutschland ist erfreulicherweise eines der braunkohlenreichsten Länder der Erde überhaupt, aber Hand in Hand damit geht eine große Lückenhaftigkeit der Überlieferung von Landsäugetieren. Das Wesen der chemischen Verwitterung des Landes ist die Entbasung, die sich einerseits auswirkt in der Verarmung der Böden an Kalk, den wir unseren Kulturen als Düngekalk immer wieder zuführen müssen, andererseits in der Fortführung der färbenden Elektrolyte wie Eisen und Mangan, so daß weiße Sande, die fast nur aus Quarz bestehen, und Bleicherden, die zu nur hellgelben Ziegeln brennen, oder gar weißbrennende Porzellanerde resultiert. Die Braunkohlen sind begleitet von völlig entkalkten und eisenfreien Lagerstätten wichtiger Steine und Erde, Quarzite, Glas-, Form-, und Gebläsesande, Schamotte, feuerfeste Tone, Porzellanerde usw. Zur Erhaltung von Wirbeltierfunden gehören eine ganze Reihe wichtiger Umstände, die aber noch nachträglich illusorisch werden können, wenn das basische Medium, das zur Erhaltung der Knochen und Zähne nun einmal nötig ist, sekundär wieder versäuert wird. Säugetierreste sind zahlenmäßig lange nicht so ins Gewicht fallend, wie die in schnellster Generationsfolge sich vermehrenden Evertebraten, deren Skelette ja gesteinsbildend auftreten und das zur Erhaltung notwendige basische Medium ja durch ihre Anhäufung ohne weiteres herstellen. Eingebettet können Fossilien nur werden, wenn positives Sedimentationsgefälle herrscht. Überall wo die Entwässerung zum Meer geht, öffnen sich auch die Sedimentationsbecken zum Meer, und die Ablagerung erfolgt dort, wobei in Küstenablagerungen nicht selten auch Reste der Landfauna in Brackwasser- und Meeresablagerungen gelangen können. Auf den Festländern aber herrscht viel ausgedehnter als submarin Abtragung und Zerstörung, also negatives Sedimentationsgefälle. Auch neutrale Gebiete ohne Abtragung und Auffüllung schalten aus. Die marinen Becken erhalten die bei der Verwitterung des Festlandes gelösten Stoffe im Überfluß, wie Kalk, Phosphor und Eisen. Auch marine Manganerze sind bekannt. Die Ausfüllung erfolgt küstennahe, in dem Saum, der ständig verwesende organische Substanzen als Fällungsmittel besitzt. Im mitteldeutschen Raum waren die tektonischen Vorgänge der Beckenbildung nicht ungünstig. Die Mitteldeutsche Hauptscholle stellt eine Kastenscholle dar, die sich einheitlich bewegt hat insofern, als ihre Ränder hochstiegen und die Mitte zurückblieb. Der Abfluß dieses Beckens war daher ähnlich beschränkt und erschwert wie in der nachbarlichen Böhmischen Scholle. Die ältere Braunkohle und ihre Begleitschichten füllen den diagonalen Binnenraum dieser tektonischen Einheit, raumgebunden durch ihre Gestaltung und sich in der Kippschollenkreuzung von Harzscholle und Lausitzer Scholle in der Tiefendiagonale einschmiegend, vom Helmstedter Revier über den neutralen Schollenspan der Halle-Hettstedter Gebirgsbrücke bis in das Zeitz-Weißenfelser Revier. Also ein großes Einzugsgebiet, allseits nach innen gerichtete Entwässerung, Bergränder im SW: Thüringer Wald, Frankenwald, im S: Fichtelgebirge, im SO: Elstergebirge und Erzgebirge, im NO: Lausitzer Schwelle und Flechtinger Höhenzug, im NW: Abbruch der Harzvorlandketten, Oberharz und Eichsfeld, negatives Sedimentationsgefälle in den Randgebieten, positives im Schüsselinnern und zwar feinkörnige Sedimente, darunter die wasserreichen milden Braunkohlen, also die denkbar besten Bedingungen, die aus allen Teilbiotopen stammenden tierischen Reste im Binnenraum zusammengetragen wiederzufinden, als Vertreter eines geschlossenen, dementsprechend endemische Formen aufweisenden, palaeogeographischen Raumes von etwa 55000 qkm Größe im Herzen eines nach der Kreidezeit entstandenen jugendlichen Europa gelegen. Für die Flora gilt das Gesagte ohne weiteres. In allen Braunkohlengruben treten sogenannte Blätterkohlen auf, in denen die wachsartigen Überzüge der Blattepidermen, Rinde, Zweige, Hölzer, Harze, Samen, Zapfen, ja sogar Blüten mit Pollenstaub in den Antheren erhalten sind. Maceriert man Kohlenproben, so erhält man in wechselnder Menge Pollenkörner und Pilzreste, erstere häufiger in den hellen Kohlenbändern als in den dunklen. Die Auslese ist natürlich stark am Werke. Derbe Epidermisüberzüge überwiegen über die zarten. Die Gummibäume, deren Milchsaft in den Gefäßen durch den Schwefelgehalt der Kohle auf natürlichem Wege vulkanisiert ist, erhalten sich gut, ferner alles, was harzgefüllte Kanäle aufweist, wie Zapfen und Blätter von Nadelhölzern. Ihre Stamm-, Zweig- und Wurzelreste sind viel häufiger erhalten als die der Laubhölzer, von denen die weicheren völlig vergangen sind. Die dunklen Kohlenbänder haben sich bei hohem Grundwasserstand, gelegentlich sogar subaquatisch abgelagert, die hellen aber unter viel trockeneren Verhältnissen unter Zutritt von Sauerstoff. Zu ihrer Bildung war prozentual viel mehr Pflanzensubstanz nötig als bei den dunklen, da bei ihrer Oxydation die Wachse, Harze, Gummisäfte usw. und die phosphorreichen Exinen der Pollenkörner sich relativ anreicherten, wenn das übrige verging. Daher sind die hellen Kohlenbänder die Schwelbänder, und je mehr diese natürliche Auslese bei der Erhaltung wirkte, um so bessere Schwelkohlen mit gutem Teerausbringen haben wir vor uns. Trat die Bildung des für die Erhaltung der Kohle notwendigen Speicherraumes nicht ein, blieb der Pflanzendecke das konservierende und bakterientötende Moorwasser fern, dann blieb nichts von ihr erhalten, wie uns die braunkohlenfreien Tertiärprofile anzeigen, in denen gar nicht so selten Wurzelböden die Anwesenheit der Vegetation verraten. Wir finden Reste von Schilf- und Grasvegetation, von subtropischem Sumpf- und Trockenwald, vom Kiefernbelt und von Galeriewäldern und Palmetto, so daß auch ferner gelegene Biotope mit vom Hochwasser eingetragenen Resten vertreten sind. Daß zu einer so reichen und nahrhaften Flora eine reiche Tierwelt gehört haben muß, ist außer jedem Zweifel. Hier wäre also eine ideale Gelegenheit, einen tiefen Einblick in die alttertiäre Säugetierfauna Mitteleuropas zu gewinnen. Aber weit gefehlt. In allen den vielen Braunkohlengruben und trotz der geübten und scharfen Augen der Bergleute und Geologen fehlten Wirbeltierreste so vollkommen, als hätte die Vegetationsdecke des tierischen Lebens völlig entbehrt. Des Rätsels Lösung ist einfach. Wo sich die Vegetation gierig aller Basen bemächtigt, wie uns das die Bleicherdenverwitterung des Alttertiärs beweist, wo es zur Anhäufung so großer Mengen abgestorbener vegetativer Reste kommt, da entsteht ein Überschuß an Huminsäuren, die in Wurzelröhren mitten in der Kohle kolloidal ausfallen können. Sie sind derartig im Überschuß, daß sich kein Skelett, kein Gebiß erhalten kann. Wir kennen das an den Moorleichen. Von außen durch die Bodensäuren gegerbt, können Haut und gewisse Weichteile erhalten sein, während Knochen und Zähne längst vergangen sind. Es ist alles restlos vernichtet. Hätte sich doch etwas erhalten, so gibt eine weitere Zerstörungsphase, unter dem Einfluß der heutigen Verwitterung auch diesem den Rest.

An der Basis der Kohlenablagerungen hat sich häufig Schwefeleisen in Form von Markasit angereichert, manchmal so reich, daß man im Helmstedter Revier z. B. schon zu seiner technischen Verwertung geschritten ist. Es zersetzt sich sehr leicht, so daß sich Kalkreste in Gips umwandeln, der dann gelöst wird. Es ist daher auch immer vergeblich gewesen, in Erdfällen und Karsttaschen im Muschelkalk nach Knochen und Zähnen zu suchen, da wo die Kohlenablagerungen, die darüber lagen, abgetragen worden sind. Wie aber wollte man diesem alles vernichtenden Säurespiegel beikommen? Der Muschelkalkkarst ermöglichte doch noch die Lösung des gordischen Knotens. 20 km südlich der Marktplatzverwerfung von Halle liegt ebenso wie diese und wie die Nordverwerfung des Harzes WNW streichend der eigenartige Kohlenkörper des Geiseltals, der so spät zum Abbau kam, weil gewaltige Pumpenaggregate nötig waren, um die für großzügigen Abbau notwendige Entwässerung erstmalig durchzuführen. Flächenmäßig gesehen ist das Geiseltalrevier mit etwa 13 km Länge und 3—3,5 km Breite nur ein kleines westliches Randrevier des großen Zeitz-Weißenfelser Kohlengebietes. Aber seine Stärke liegt nicht in der Grundfläche, sondern in der Mächtigkeit, die oft 50 m übersteigt und im W wie im O je 100 m überschreitet. Das Becken fällt auf seiner N-Flanke steil, auf seiner S-Flanke flach nach der Mitte zu ein. Es liegt an der SW-Flanke des Teutschenthal-Dürrenberger Salzsattels zwischen der Schichtrippe des mittleren Buntsandsteins, der auch die Sattelfirste bildet, und der des Muschelkalks der Querfurt-Freiburger Muschelkalkmulde. Diese Mulde hat heute noch kräftige Überlaufquellen, wie die Geisel-Quelle und die zwölf-Apostel-Quelle bei St. Mücheln. Die weicheren Schichten des oberen Buntsandsteins, die auch sonst leichter abgetragen werden, bilden im wesentlichen den Untergrund der Lagerstätte. Aber dieser Härteunterschied allein kann die große Mächtigkeit der Kohle und die Tiefe des Troges in keiner Weise erklären. Dafür maßgebend ist vielmehr die unterirdisch in der Richtung des Einfallens der Trias zurückweichende Schichtstufe der mehrere hundert Meter mächtigen Steinsalzserie des mittleren und oberen Zechsteins, die den langsam von N nach S wandernden Einsenkungstrog trotz aller Ausfüllung immer aufs neue entstehen ließ. Im großen Zeitz-Weißenfels-Halle-Leipziger Revier beginnt die Flözbildung im S, dort macht sich später Hebung geltend, und der Kohlenbildungsraum vertieft sich tektonisch immer wieder nach N zu, so daß in dieser Richtung jüngere Flöze anzutreffen sind.

Im Geiseltal ist es umgekehrt, weil die Hebung der Gegend mehr ausgeglichen wird durch die dabei vor sich gehende Neubelebung der Auslaugung, so daß das Muldentiefste der ersten Flözbildung weiter im N lag als das der mittleren und dieses weiter im N als das der jüngsten. Dabei ging das Nachsacken der Buntsandsteindecke so regelmäßig vor sich, daß es durch lange Zeiträume hindurch zur Kohlenbildung kam. Die Kohlenbildung ging aber im Geiseltal schneller vor sich als im Hauptrevier, was sich unter anderem darin geltend macht, als die Geiseltalkohle geringeren Schwelgehalt aufweist als die des Hauptreviers. Genetisch besteht zwischen der Geiseltalkohle und den Talzügen des bis über 100 m mächtigen Lagers im Gebiet des Salzgitterer Erzlagers eine auffällige Analogie. Die Ringelheimer Lagerstätte verhält sich zur flächenhaft geschütteten weiter im N, so wie das Geiseltal zum Zeitz-Weißenfelser Revier und füllt wie dieses ein Salzabwanderungs- und Salzauslaugungstal an der Flanke einer Salzachse. Aber außer dieser begrabenen, langsam nach *S* zurückweichenden Schichtstufe des Salzes liegt unter dem Kohlenkörper des Geiseltales noch ein weiterer begrabener Karst, in dem es während der Bildung der Lagerstätte zur Hohlraumbildung und bei genügender Schwächung der Pfeiler zu Einstürzen kam, die sich als Erdfälle bis zur jeweiligen Tagesoberfläche hindurchfraßen. Ihre Entstehung basiert auf der Einschaltung von Salz und Gips an der Basis des Röt. Sie fanden sich besonders zahlreich im mittleren Geiseltal, wo sie sich durch eigenartige Unterbrechungen der regelmäßigen Bänderung an den Kohlenstößen bemerkbar machen. Es handelt sich um kreisrunde oder ovale zylindrische Gebilde, die nicht etwa den Kohlenkörper von oben bis unten durchsetzen, dann würden sie ja jünger sein als dieser. Sie endigen vielmehr mitten im Kohlenstoß, und zwar der eine tiefer, der andere höher. Die nach seiner Entstehung und Auffüllung neu abgelagerten Kohlenbänder aber ziehen wieder ungestört über den Kohlenstoß, als ob nichts geschehen wäre. Bohrt man an einer solchen Stelle, so findet sich die Kohle tief in das Liegende abgesenkt, und das entstandene Defizit wurde ausgeglichen dadurch, daß sich in der Hohlform die Kohle schneller und mächtiger ablagerte als in der Umgebung, da eine solche wassergefüllte Vertiefung den Laubfall und den Pflanzenmulm natürlich besonders an sich zieht. Hier bildeten sich ganz besondere Kohlentypen, und hier kam es zur Bildung uhrglasförmiger Spezialschichten schnell gebildeter Blätterkohlen. Wichtig war, daß durch die Erdfälle eine hydrologische Verbindung mit den harten Wässern im begrabenen Karst in der Tiefe bestand und daß die „Trichter" Wasserstellen waren, die in der Trockenzeit eine besondere Bedeutung für die Lebewelt besaßen. Die Geiseltalkohle besitzt nun einen an sich nicht sichtbaren Gehalt an Kalkhumaten, die sich beim Verbrennen in Gips umsetzen, der dann in der Asche nachzuweisen ist. Diese Kalkhumate erschweren das Brikettieren, ein Nachteil, der durch besondere technische Maßnahmen aber völlig gemeistert werden konnte. Nach dem Muschelkalk zu ist der Kalkgehalt größer als nach dem Buntsandstein zu, wo auch die Zwischenmittel gröber und sandiger werden. Aber am meisten bemerkbar macht sich der Kalkgehalt im mittleren Teil des Kohlenstoßes im Bereich der Grube Cecilie, wo sich im Liegenden, innerhalb und im Hangenden einer tiefschwarz oxydierenden subaquatisch gebildeten Kohle hellbraune, weiß verwitternde Kalkhumatausscheidungen, die erhebliche Größe erreichen können, ausgeschieden haben. Besonders bedeutsam ist die Kalkhumatzone über der schwarzen Kohle, die das Muldentiefste einer Hauptauslaugungswanne ausfüllt. Randlich entspricht dieser Lage ein helles Kohlenband, das mit der Annäherung an das Senkungsbecken immer sandiger wird und in eine Holzhäcksel führende Sandlage übergeht. Über diese schalten sich beckenwärts schräg geschichtete Lagen von Blatt- und Häckselkohlen und umgefallenen Baumstämmen, die meist den Kern der großen Kalkkonkretionen bilden. Alles ist mit Kalkausscheidungen durchsetzt, als kleine Scherbchen, Kügelchen, erbsen-, bohnen-, apfelgroßen, kopfgroßen und sehr viel größeren Gebilden. Und an der Basis dieser eigenartigen Zone im Bereich des verlandeten Sees, dessen sich vorschiebende Uferzone sie darstellt, fanden wir die Leichenfelder. Sie sind ein Produkt der Auslaugung im Zechstein, während die Trichter in den Auslaugungsvorgängen im oberen Buntsandstein ihre Ursachen haben. Diese makroskopischen Ausscheidungen von Kalkhumat zeigen, daß hier nicht nur Neutralisation der alles zerstörenden Humussäuren stattgefunden hat, sondern sogar ein Übergewicht des aus den Muschelkalkkarstquellen stammenden kohlensauren Kalkes herrschte, der sich an der Böschungskante wie Caliche in Mexiko ausschied. Das Zusetzen der karbonatischen Wässer schuf inmitten des alles zerstörenden Säurespiegels Erhaltungsoasen, die dank ihrer sonstigen Beschaffenheit auch gleichzeitig Punkte der Konzentration von Tierleichen waren, nämlich die Leichenfelder und die Fundschichten der Trichter. So kam es dann im engen Bereich der beiden Kohlengruben Cecilie und Leonhardt zur Entdeckung von 3 Leichenfeldern und 14 Trichtern. Die Leichenfelder und 4 Trichter gehören der Grube Cecilie, 10 Fundtrichter der Grube Leonhardt an, in der sich im übrigen die Huminsäureeinwirkung schon recht bemerkbar macht. Für die Erhaltung bedeutsam war das karbonatische Medium aber nur dann, wenn es nicht zu spät, sondern gleich bei der Einbettung der Erhaltung der Kadaver zugute kam. Manche Skelette haben halb aufgelöste Knochen, die in butterweichem Zustand deformiert wurden und in eine Art Gelzustand übergegangen waren. Gehirn von Fröschen als Leichenwachs ist erhalten, über dem sich noch in feinen Aragonitkristallen der ehemalige Liquor des Sacculus ausbreitet, aber die Knochen sind weggelöst, Fische sind mit der Außenhaut erhalten, aber nicht mit Gräten und Schuppen, und von völlig aufgelösten Krokodilskeletten sind gelegentlich buchstäblich nur die für den Kaumagen aufgenommenen Quarzkiesel, die Gastrolithen, übriggeblieben. Die Schutzwirkung war nur beschränkt in Raum und Zeit, blieb aber bis zum heutigen Tage bestehen, da sich das basische

Milieu unter der mächtigen Bedeckung bis zur Aufdeckung beim Abbau der Kohle erhielt. Die Fundstellen wurden nach einem bestimmten Plan ausgegraben. Dabei lag eine bereits vorher gewonnene Arbeitshypothese zugrunde. Sie entstammt Erfahrungen, die der Verfasser an der amerikanischen Golfküste gesammelt hatte und in einem Buch „Rezente Wirbeltierleichen und ihre paläobiologische Bedeutung" niederlegte. Es handelt sich darum, Grundsätze der allgemeinen Geologie und der der Paläobiologie miteinander zu vereinigen. Unter Biostratonomie verstehe ich die Klärung aller Vorgänge, die sich an den Kadavern der Tiere zwischen Tod und Einbettung vollzogen haben. Sehr viel besser als an der einzelnen Leiche lassen sich die Fundstellungen an einheitlich ausgegrabenen Fundräumen klären, bei denen die Lagebeziehungen der Tiere zueinander oft noch Kraftlinien des früheren Geschehens offenbaren. Die Fundstellen des Geiseltales sind kartenmäßig festgelegt und biostratonomisch analysiert worden. Die meisten Spezialarbeiten sind in den Nova Acta Leopoldina erschienen. Viele Literaturhinweise finden sich in der Schrift des Verfassers „10 Jahre Geologisch-Paläontologisches Institut" 1939, das vom Geologisch-Paläontologischen Institut in Halle, Domstraße 5 unentgeltlich bezogen werden kann. Im folgenden sind die wichtigsten der erzielten Ergebnisse aufgeführt.

Schnecken: Gastropoden sind leider selten in wenigen Trichtern zutage getreten, sie sind aber einerseits für die Altersbestimmung der Geiseltalfauna wie auch andererseits für ihre ökologisch tiergeographische Beurteilung sehr wichtig. Planorbina pseudammonius Schlotheim ist eindeutiges Leitfossil für die oberlutetischen Pseudoammoniusschichten. Sie ist ein Bewohner flacher Süßwasseransammlungen zusammen mit Galba aquensis michelini Desh. und Ancylus dutemplei Desh. Drei weitere Formen sind Bewohner des Mulms modernder Bäume, nämlich Strobilops (Palaeostrobilops) sp. und Archaegopsis (Phazonites) ceciliae Wenz. Canalicia densicostulata Sandb. und Poiretia cordieri Desh. sind Raubschnecken feuchtwarmer Standorte. Die Gastropodenfauna fügt sich in das westeuropäische Bild gut ein. Sie hat nicht den Charakter einer endemismenreichen Lokalfauna.

Crustaceen spielen in der Geiseltalfauna eine recht untergeordnete Rolle. Gelegentlich wurden Schalen von Ostracoden beobachtet. Die spärlichen Funde größerer Formen, die schlecht erhalten sind, rechnet Beurlen mit Vorbehalt zu Astacus. Sie wurden in den flachen Hochwassertümpeln leicht die Beute der Vögel. Möglich, daß sie ähnlich wie der nordamerikanische Cambarus in der Trockenheit durch Niederbringen eines Grabschachtes dem sinkenden Wasserspiegel in den Boden hineinfolgten.

Insekten: Insektenfunde sind bei der Ausgrabung der Leichenfelder in großer Zahl zutage gekommen Sie sind nicht so eng an den Raum der Leichenfelder gebunden, so daß ich besondere Grabungen in der Mittelkohle auf sie ansetzen konnte. Sie müssen allerdings in Flüssigkeit aufbewahrt werden, nachdem die Kohlenstücke mit Paraffinblöcken gerahmt wurden, um ein Zerbröckeln zu verhindern. Bisher haben sich die bunten Farben auf diese Weise schon bis über ein Jahrzehnt erhalten lassen. Während wir im Bernstein mehr die Kleininsektenwelt des Alttertiärs überliefert haben, liegen hier in der Mehrzahl die größeren derberen Formen vor. Beide Bestände aber geben jeder für sich ein unvollständiges Bild, so reich die Funde auch sein mögen. Es ist ein eklatanter Beleg für eine bisher kaum bemerkte und durch die Grabungen etwas überbrückte Lücke unseres Wissens. 9 Insektenordnungen sind durch Funde vertreten, darunter in überragendem Maße die Käfer. Die Coleopterenfauna des Geiseltals hat noch starke mesozoische Anklänge mit gewissen modernen Einschlägen. Bezeichnend ist das völlige Fehlen der Raubkäfer mit den heute so artenreichen Laufkäfern. Durch Formenreichtum, große Individuenzahl und mannigfache Spezialisationen fallen die Schattenkäfer, die Teneobrioniden, auf, die damals die Rolle spielten wie heute die Lamellicornier. Die häufigste Form, Eodromus agilis Meun., ist bereits von Messel bei Darmstadt bekannt. Eohelaeus, flach wie ein Schildkäfer gebaut, hat Beziehungen zu heutigen australischen Formen. Ein extrem kugliger Schattenkäfer, gelb oder blaugolden glänzend, ist Paropiophorus. H. Haupt, dessen noch unveröffentlichte Untersuchungsresultate über die Geiseltalinsekten hier zugrunde liegen, wies an Schattenkäfern bisher 9 Gattungen mit 13 Arten nach. Zahlreich sind auch die Vertreter der Familie der Prachtkäfer oder Buprestiden mit meist prächtig erhaltener Strukturfärbung. So besitzt Eolampetis weigelti Pongr. ein blaues Pronotum und goldige Decken. Weitere 15 Arten ähneln Gattungen wie Chalcophora und Anthaxia. Ein großer Elateride Eopyrophorus besaß ein abdominales Leuchtorgan, dessen Sauerstoffversorgung durch dicht aneinandertretende Tracheen histologisch nachgewiesen wurde. Die Lamellicornier treten zuerst im Eocän auf, sind aber nur durch 2 Vertreter nachweisbar. Ein Aaskäfer, eine Silphide mit schöner Färbung, ist gar nicht selten. Chrysomeliden sind durch Eosagra coerulea und Donacien(-Schilfkäfer) vertreten, deren Larven unter Wasser leben und sich mit Sauerstoff aus luftgefüllten Pflanzenstengeln versorgen. Goecke unterschied 3 Arten. Gleichzeitig wies er auch ihre Puppenhülsen nach. Seltener sind die Curculioniden, die Rüsselkäfer und die Malacodermata, die Weichkäfer. Eine große Libelle ist vertreten durch die Calopterygide Eothaumatoneura ptychoptera Pongr. Orthopteren sind spärlich, etwas besser die Rhynchota belegt und zwar durch einen Laternenträger aus der Unterfamilie der Aphaninae durch auf einem Blatt sitzende Puparien von Aleurochiton eozänicus und eine Coccide von nur 0,12 mm Länge aus dem Darminhalt eines Eopyrophorus, wohl das kleinste je bekannt gewordene Insekt. Ein Vorderflügel gehört einer zu den Neuropteroidea zu rechnenden Hemerobiine an. Auch ein Schmetterlingsflügel liegt vor und die Schuppe eines Zuckergastes. Zahlreiche Fliegenmaden mit vollständig erhaltenem Kopfskelett entstammen den Knochen von Lophiodon aus einem Trichter der Kratzbaggerstrosse der Grube

Cecilie. Anopheles ist ebenfalls durch Larvenreste belegt. Die Hymenopteren aber sind durch Insektengallen vertreten.

Die auf Lackfilm übertragenen Käferreste gestatteten Voigt eine genaue histologische Untersuchung des chitinigen Integumentes, also von Haaren, Stacheln, Borsten, Maschen usw. Den chemischen Nachweis des Chitins lieferte Abderhalden. Ausgezeichnet erhalten sind oft die Tracheen, in deren Lumen Bakterien nachgewiesen werden konnten, und deren Anordnung Rückschlüsse auf das Vorhandensein eines Leuchtorgans gestattete. Sogar der Nachweis des Tracheen-Kapillarnetzes auf der oft ausgezeichnet erhaltenen Muskulatur gelang. Letztere ließ sich wie rezentes Material exakt histologisch gliedern (Q und J mit Qh, M und Z). Meist sind die Muskeln in erschlafftem Zustand erhalten, gelegentlich aber auch in Kontraktion. Hildegard Brenner untersuchte die fossile Muskulatur von Käfern, Astacus, Thaumaturus, Palaeoesox, Anthracoperca, Frosch, Eidechse, Fledermaus und Paarhufer aus dem Geiseltal. Sie nahm unter Heranziehung von reichlichem rezenten Vergleichsmaterial Fachhöhenmessungen vor, die keinerlei Unterschiede zum rezenten Material ergeben. Es sind also noch heute Schlüsse auf Funktion und Frequenz der fossilen Muskeln möglich. Der Darm eines Eopyrophorus mit einer aus Schuppen und Stacheln bestehenden chitinigen Auskleidung, der Intima enthielt ein weißliches Sekret. In ihm eingeschlossen waren Pilze, von denen nicht feststeht, ob es Nahrungsreste oder Symbionten sind, und eine winzige Coccide. Ectadenien, Anhangsdrüsen der Käferhoden, erhalten durch ihr schnellerstarrendes Sekret, liegen entweder noch paarweis unter den Flügeldecken oder frei in der Kohle. Auch andere Drüsen sind erhalten.

Fische: Die Fischfauna des Geiseltals ist der morphologischen Selbständigkeit der Mitteldeutschen Hauptscholle entsprechend tiergeographisch durchaus endemisch. Im Gegensatz zu Messel fehlen die dort so häufigen Ganoiden und Cypriniden vollständig. Für die Beschreibung der drei Teleostierarten, die auffällig klein sind, obwohl ihnen auf Grund ihrer Otolithen ein Individualalter von 3—13 Jahren zukommt, waren zwei neue Gattungen nötig. Bei der großen Individuenfülle gelang Voigt die vollständige osteologische Analyse, so daß die Geiseltalfische zu den bestbekannten Süßwasserfischen überhaupt gerechnet werden können. Anthracoperca siebergi Voigt ist eine Percide, die in 520 Exemplaren aus den Leichenfeldern geborgen wurde. Die zusammenhängende Rückenflosse dieses Barsches, 7 Hartstrahlen in der Dorsalis und glattrandige Opercula sind Merkmale, die ihn von den bisher aufgestellten Gattungen unterscheiden. Die Stammesgeschichte der Hechte lag bisher in völligem Dunkel. Mit 165 Exemplaren wurde mit Palaeoesox fritschei Voigt ein mitteleocäner Vertreter der Familie der Eosociden entdeckt, der bereits wie die heutigen Hechte Zebrastreifung besaß. Die Gattung ist aber noch sehr primitiv, ihre Schädelelemente sind noch nicht in die Länge gezogen, und die Prämaxillaria stehen vorn noch zusammen.

Thaumaturus spannuthi Voigt konnte an Hand von 520 Resten untersucht werden. Eine Thaumaturus-Art kommt bei Messel vor, eine weitere im Oberoligocän von Böhmen. Sie besitzen im Gegensatz zu den Salmoniden, denen sie nahe stehen, von denen sie sich aber durch einige höher entwickelte osteologische Merkmale unterscheiden, keine Fettflosse. Die Flossen waren rot gefärbt.

Bei allen drei Arten gelang nicht nur die Feststellung der verhältnismäßig großen Sagitta, sondern auch der kleineren Otolithen, so daß sie für alle drei Abschnitte des Gehörorganes geklärt werden konnten, was bisher an fossilem Material niemals gelang. Die Gehörsteinchen dieser so ziemlich ältesten überhaupt bekannten Teleostierfauna sind aber in dreifachem Sinne wichtig:

1. Palaeobiologisch; sie gestatten die Feststellung des Individualalters.

2. Biostratonomisch; in jedem Leichenfeld für sich befindet sich der letzte Anwachsstreifen bei allen Fischen im gleichen

Entwicklungszustand. Sie kamen alle gleichzeitig, nicht nur im gleichen Jahr, sondern in der gleichen Woche zu Tode.

3. Palaeoklimatisch, denn die Anwachsstreifen zeigen eine eigenartige Doppelringbildung, wie es etwa noch in Niederländisch-Indien beobachtet werden kann. Sie läßt den Schluß zu auf je eine kurze und je eine lange Trocken- und Regenzeit. In dem Resttümpel wurden alle kleinen und zarten Tiere von den zusammengedrängten Raubfischen gefressen. So wurden ihnen nachweislich die kleinsten Altolme zur Beute, die wiederum Fische fraßen. Auch Anurenknochen, Fischskeletten eingelagert, zeigen ein Beuteobjekt an. Manche Fischreste sind aber auch übriggebliebene Nahrungsfetzen großer Räuber, wahrscheinlich von Krokodilen. Manchmal finden sich unter den Kiemendeckeln Massen von Blütenstaub, der auf die schwindenden Tümpel herniederging, wenn die Bäume zu Beginn der Trockenzeit ihre Blüten ausschütteten. Eigenartige gelbliche Massen an den Fischskeletten erwiesen sich als erhaltene Muskulatur, deren Fasern unter dem Mikroskop deutliche Querstreifung aufweisen. Der Nachweis glückte 50mal bei Thaumaturus, etwa 40mal bei Anthracoperca und 10mal bei Palaeoesox. Zwischen den Flossenträgern und zwischen den Neurapophysen des Rückens hat der Nachweis die beste Aussicht auf Erfolg. Breite bandartige Muskelbündel mit zickzackförmig verlaufender Querstreifung, die in anderen Regionen gerade oder gebogen verläuft, sind am häufigsten. Im polarisierten Licht wechseln in den Muskelfibrillen dunkle isotrope Lagen mit hellen anisotropen Lagen ab. Gelegentlich werden auch die Krauseschen Zwischenscheiben deutlich und das den Muskel umhüllende Sarcolemm. Die Muskulatur eines Thaumaturus scheint von Sporoblasten parasitischer Protozoen befallen zu sein. Noch viel interessanter aber ist der Nachweis eines anderen Parasiten der Geiseltalfische, des Wasserkalbes Gordius tenuifibrosus Voigt. Bei der mikroskopischen Untersuchung eines Fischrestes aus der schwarzen Kohle zeigte sich auf dem Lackfilm ein in Schlingen angeordnetes Stück Wurmhaut. Die aufs beste erhaltene

histologische Struktur erwies sich als Subcuticula eines Saitenwurms, der sich ohne weiteres mit der Faser des rezenten Gordius vergleichen läßt. Neben Rotatorien, Gastrotrichen, Conorhynchen, Nematoden und Acanthocephalen unterscheidet man die besondere Klasse der Saitenwürmer oder Nematomorpha. Die Klasse ist heute, verglichen mit anderen der Würmer, nur mit wenigen Vertretern am Leben, man vermutete aber bereits, daß sie der dürftige Rest einer einst formenreichen Gruppe seien, die nur durch ihren eigenartigen Parasitismus mit den Wirtstieren Käfer und Fisch am Leben geblieben seien. Die stärker skulpturierten Genera gelten als primitiver, Gordius ist mit der Ausbildung seiner Haut am weitesten spezialisiert. Durch diesen unscheinbaren Fund konnte erstmalig eine ganze Klasse von Würmern fossil nachgewiesen werden, und zwar mit einem Vertreter, der trotz des verhältnismäßig hohen Alters der am höchsten spezialisierten Gattung angehört. Gleichzeitig ist es ein eklatantes Beispiel, daß den palaeohistologischen Untersuchungen auch erhebliche systematische Bedeutung zukommen kann und noch weiter zukommen wird. Für später plant daher der Verfasser Ausgrabungen im verdunkelten Zelt, um Weichteilerhaltungen unter der Ultralampe zum Fluoreszieren zu bringen. Wir wenden heute noch viel zu sehr Präparationsmethoden an, die evtl. noch vorhandene Weichteile zerstören. Es ist völlig verfehlt, diesen Untersuchungen nur Kuriositätswert beizumessen. So grob sind diese Feststellungen nun doch nicht. Sie sind vielmehr geeignet, den Kreis der in der Palaeontologie möglichen systematischen Unterscheidungsmerkmale zu erweitern. Palaeohistologische Untersuchungen werden an Bedeutung gewinnen, wenn man sie in Raum und Zeit weiter als heute anwenden wird. Dazu gehören natürlich immer wieder Verbesserungen der Bergungsmethoden. Die Fasern der Subcuticula sind bei dem fossilen Gordius noch wesentlich zarter als bei dem rezenten Gordius albopunctatus. An Weichteilerhaltung lassen sich an Fischen gelegentlich auch die Elastoidinfäden der Flossen und die Melanophoren der Lederhaut nachweisen, ebenso das Periost. Im Grunde der Augenhöhle bilden dunkle Pigmentkörner häufig einen schwarzen Belag. Auch kommen in der Augenregion stabförmige Bakterien vor, die sich ihrer als Eingangspforte bedienten.

Amphibien. 1. Urodelen:

Außer den Fischen bargen die Leichenfelder nicht selten einen langgestreckten Altolm Palaeoproteus klatti Herre, der in 260 Resten ausgegraben wurde. Er steht in offensichtlicher stammesgeschichtlicher Beziehung zum heutigen Grottenolm des Triestiner Karstes, war aber noch freilebend. Der Kiemenapparat dieser neotenen Form ist außerordentlich kräftig; sie fielen der Austrocknung der Tümpel genau so zum Opfer wie die Fische. Die Vorgeschichte des Grottenolms ließ sich aber erdgeschichtlich noch weiter zurückverfolgen durch Auffindung der zarten Wirbel des neuen Genus Geyeriella Herre bei unseren neuen Grabungen im Paleocän von Walbeck. Hier vereinigen sich die Merkmale des Altolms Palaeoproteus mit denen der eigenartigen lungenlos gewordenen Plethodontier, die durch ihre disjunktive Verbreitung in Kalifornien und Italien, wo Hydromantes, der baumbewohnende Schleuderzungenmolch lebt, auffallen. Die Merkmale zweier verschiedener Gattungen fließen hier nach rückwärts in einer einzigen zusammen. Luftatmende Molche, die nur zur Fortpflanzung das Wasser aufsuchen, sind im Geiseltal sehr selten. Es wurde nur eine Form in 3 Resten aufgefunden, Tylototriton weigelti Herre. Vertreter dieser durch Gabelrippen ausgezeichneten Gattung leben heute noch zusammen mit dem Riesensalamander im Bereich der japanischen Gebirgsbäche. Die hochentwickelte Gattung ist bereits im Mitteleocän fertig spezialisiert. Noch erstaunlicher aber ist das Auftreten eines mit dem heutigen Triton verwandten Molches Koaliella im Paleocän von Walbeck mit allen Merkmalen eines hochentwickelten Wasserbewohners mit opistocoelen Wirbeln und hohen Neurapophysen mit Knochenkamm. Verhältnismäßig primitiv dagegen ist die große Ambystoma-ähnliche Form Woltersdorfiella von Walbeck. An den Altolmen erscheint die Körperhaut als matte graue oder schwarze Fläche. In durchfallendem Licht erweisen sich die histologischen Strukturen allerdings meist schon als ausgelöscht, manchmal aber werden undeutliche Epithelzellen mit darinliegendem Kernschatten sichtbar. Auch die ehemalige Lage der Seitenlinie ist durch kleine Fältchen gekennzeichnet, wie sie nur bei Larven oder eben einer solchen neotenen Form Palaeoproteus zukommt. In der Haut liegen zahlreiche Melaninkörnchen als Reste der Pigmentierung eingestreut. Auch die Schleimdrüsen der Haut sind noch angedeutet. In der Halsregion sind gelegentlich die Abdrücke der Myosepten kenntlich, in einem Falle der Darm als dunkle bandförmige Masse. Auch Reste des Nervensystems sind nachweisbar.

2. Anuren:

Anuren sind im Geiseltal so artenreich vertreten, wie bisher an keiner anderen Fundstelle der Welt. Das Vorkommen ist hier ebenso einzigartig und führend wie im Falle der Eidechsen. Der Unterschied Frosch und Kröte läßt sich auf die alttertiären Formen nicht ohne weiteres übertragen. Länge und Breite des Körpers sind sehr wechselnd. Die Indizes der Körpermaße, vor allem die relative Länge der Hinterextremitäten schwankt sehr. Hinsche hat unter besonderer Berücksichtigung der Geiseltalanuren Untersuchungen zum funktionellen Aufbau der Anuren überhaupt angestellt. Für die Lokomotion ist das Längenverhältnis zwischen Ober- und Unterschenkel besonders wichtig. Sehr bedeutsam für die lokomotorische Beurteilung ist die Ausbildung der Querfortsätze des mit den Alae ilii artikulierenden Wirbels, ferner die Breite des Beckens. Besonders wichtig im Sinne der Lebensweise Frosch oder Kröte aber ist der Augenabstand am Schädel, nach dem sich entscheiden läßt, ob das Tier seine Beute springend in der Luft oder suchend am Boden erjagte. Sind die Ossa frontoparietalia schmal, liegen die Orbitae relativ median, sind sie breit, stehen die Augen so, wie es zum Graben und Kriechen notwendig ist. Breite Sacraldiapophysen sind geeignet für Graben, schmale für Springen. Die an rezenten Anuren erarbeiteten Ergebnisse wurden von Hinsche zu einer Eigenschaftsanalyse der von Kuhn in systematischem Sinne beschriebenen Geiseltal-Anuren herangezogen, wobei 162 ± vollständig erhaltene Reste vorlagen, meist aus den beiden Leichenfeldern also nur der Überlieferung zweier einzelner Jahre entsprechend. Aus dem Eocän waren bisher überhaupt nur 4 Arten bekannt, wobei es bei den beiden französischen noch zweifelhaft bleibt, ob sie ins Obereocän oder nicht vielmehr ins Oligocän gehören. 1. Aus dem Mitteleocän von Messel bei Darmstadt Propelodytes wagneri Weitz. 2. Aus dem Obereocän von Indien Indobatrachus pusillus Owen sp. Aus Quercy: 3. Bufoserratus Filh. und 4. Rana plicata Filh. Die Geiseltalfauna läßt 15 Formen unterscheiden, für 14 von ihnen wurden neue Genera nötig:

1. Halleobatrachus hinschei.
2. Quinquevertebron germanicum.
3. Bufonopsis dentatus.
4. Eobufella parvula.
5. Parabufella longipes.
6. aff. Rana carbicola.
7. Palaeopelobates geiseltalensis.
8. Archaeopelobates efremovi.
9. Archaeopelobates eusculptus.
10. Amphignathodontoides eocenicus.
11. Pelobatinopsis hinschei.
12. Pelobatinopsis broili.
13. Opisthocoelellus weigelti.
14. Germanobatrachus beurleni.
15. Gen. nov. Opisthocoelorum.

Vier vorher bekannten stehen 15 weitere Arten gegenüber, wobei es noch nicht einmal so aussieht, als ob die Anurenfauna des Geiseltals voll erfaßt wäre. Rana ist z. B. nur ein einziges Mal in einem der Leichenfelder gefunden worden. Die gefundenen Larven lassen sich bestimmten Arten nicht zuordnen.

Viele Anuren zeigen noch Körperumrisse, die sich als durch wirklich erhaltene Haut hervorgerufen erwiesen, die beim Aufdecken noch eine grünlich-braune Farbe zeigte. Die Epidermis ist manchmal ausgezeichnet erhalten, und zwar sowohl das Stratum corneum wie das darunter liegende Stratum germinativum, in dem die Zellkerne oft bereits ihre spätere Größe erreicht haben, nicht aber die Zellen. Daneben zeigen sich „Flaschenzellen", Drüsen und Pigmentanhäufungen. Ein Präparat zeigt Hornhäkchen. Die Kittsubstanz zwischen den Zellgrenzen ist gelegentlich gut zu erkennen. Im Corium sind alle wesentlichen Elemente vorhanden, nämlich das Stratum spongiosum mit den Bindegewebszügen, das Stratum compactum, Drüsen, Blutgefäßbahnen, Melanophoren und Xantholeucophoren. Die Melanophoren sind groß und weisen reiche Verästelung auf. An dem Belegexemplar befinden sie sich alle in Expansion, ein Beweis, daß ihr Träger erstickt ist. Die Xantholeucophoren, die Träger des gelblich-rötlichen Farbstoffs liegen neben den Melanophoren, sie sind oval und messen 20—30 μ. Die als Interferenzkörper dienenden Guaninkörnchen, die dem Lipochrom eingelagert sind und für das Farbenspiel der Batrachier große Bedeutung haben, sind noch erhalten. Die pigmenterfüllten Ausläufer der Melanophoren umfassen innig die Xantholeucophoren. Gelb auf schwarzem Hintergrund mit Guaninblau hinterlegt gibt intensives Grün als Mischfarbe von Blau und Gelb. Der palaeohistologische Fund erlaubt Rückschlüsse auf die Färbung.

Schildkröten: Über 200 Schildkröten konnten geborgen werden, die aber nicht alle bestimmbar sind. Es sind 5 Arten vertreten, die sich auf 4 Gattungen verteilen. Die Fauna macht einen kontinentalen Eindruck und erinnert nach Hummel am meisten an die der malayischen Waldgebiete. Die Schildkrötenfauna des Geiseltals hat deutliche Beziehungen zu Ostasien, nicht zu Nordamerika. Sie ist besonders wichtig für ökologische Rückschlüsse auf die Beschaffenheit der Braunkohlenlandschaft. In einem Trichter der Grube Cecilie gelang es mit 21 Exemplaren von Testudo eocaenica Hummel, diese Landschildkrötengattung nachzuweisen, der man bisher nur jüngeres Alter beimessen konnte. Die Gattung Geoemyda, die wasserfreien feuchten Waldboden bewohnt, wird durch 64 Exemplare von Grube Leonhardt und 29 von Grube Cecilie vertreten, die zu G. ptychogastroides Hummel gehören; 4 weitere Stücke von Grube Cecilie gehören zu G. saxonica Hummel; Ocadia (?) germanica Hummel ist eine ausgesprochene Sumpfschildkröte, die sumpfiges, von Pflanzen stark durchwachsenes Wasser benötigt. Ihr sind 23 Exemplare von Leonhardt und 2 von Grube Cecilie zuzurechnen. Ganz selten, nur einmalig, wurde Trionyx, die offenes Wasser bewohnt, nur in einem einzigen Trichter gefunden. Das steht in ausgesprochenem Gegensatz zu dem ungefähr gleichaltrigen Fundort von Messel bei Darmstadt, wo Trionyx bei weitem die häufigste Schildkröte darstellt, und an zweiter Stelle Anasteira, ebenfalls ein Bewohner offenen Wassers, steht. Das Geiseltal stand offenbar nicht in freier Verbindung mit einem Flußsystem, höchstens am Anfang vor Eintiefung der Auslaugungssenke. Das Palaeocän von Walbeck hat keine Schildkrötenreste geliefert. Weichteilreste oder Hornplatten sind in der Geiseltalkohle nicht erhalten geblieben.

Krokodile: Die Crocodilier sind für die Geiseltalfauna außerordentlich charakteristisch. 65 Individuen wurden bisher nachgewiesen. Die große Zahl von 10—11 Arten in einem Biotop in gleicher Zeit ist ungewöhnlich hoch und an anderer Stelle bisher wohl noch nicht erreicht. Es handelt sich um eine ausgesprochene Lokalfauna der Mitteldeutschen Hauptscholle mit deutlichen Endemismen. Wie abgeschlossen die Fauna in sich ist, geht am besten daraus hervor, daß es sich fast ausschließlich um neue Arten handelt und vier neue Gattungen aufgestellt werden mußten. Die häufigste Form ist

Diplocynodon hallense, die Gattung ist aber noch durch mindestens 2 Arten vertreten, der von Messel bekannte Hassiacosuchus ist vorläufig nur durch seine durophage Bezahnung nachgewiesen. Zu neuen Gattungen gehören Caimanosuchus brevirostris, Eocenosuchus weigelti und Boverisuchus magnifrons Kuhn. Alles bisher Besprochene gehört zu den kurzschnäuzigen Alligatoriden. Die zweithäufigste Crocodilierform des Geiseltals ist aber ein ausgeprägter Crocodilide, wenn auch der Unterschied von Crocodiliden und Alligatoriden im Alttertiär anatomisch noch nicht so ausgeprägt ist wie heute. Allen den alttertiären Crocodiliern ist eine schwere Knochenpanzerung der Haut eigentümlich. Wir finden die Hautknochen mit ihren eigenartigen, für die Nerven und Aderknäuel zur Ernährung der Haut ausgesparten Grübchen heute nur noch auf dem Rücken der Tiere und zum mindesten randlich schon aufgelockert. Im Alttertiär liegen sie nicht nur geschlossen auf dem Rücken, sondern sie panzern auch noch den Bauch so wie bei dem württembergischen Meereskrokodil aus dem Posidonienschiefer des Lias. Der Crocodilide Weigeltisuchus geiseltalensis Kuhn geht aber, was Schwere der Panzerung anlangt, über das, was seine Lebensgenossen aufzuweisen haben, weit hinaus. Schwergepanzert ist auch der geradezu in einem ringsum geschlossenen Tubus liegende Schwanz, außerdem reichen die Knochenplatten an den Extremitäten bis zu den Metapodien herab. Die Endphalangen sind merkwürdigerweise hufartig verbreitert. Das langschnäuzige Tier hat offenbar eine ziemlich terrestre Lebensweise geführt und besaß ein gutes Grabvermögen. Solche Endphalangen sah ich aber auch unter französischem Material aus Quercy, weiter deuten zwei Knochenplatten aus Walbeck auf die Gattung. Weigeltisuchus war also zeitlich schon im Oberpalaeocän vertreten und besaß räumlich ein größeres Verbreitungsgebiet. Ein vollständiges, sehr gut erhaltenes Exemplar lag auf der tiefsten Sohle eines Fundtrichters der Grube Leonhardt. Diese Trichter waren von Krokodilen bewohnt, die sich während der Trockenzeit in ihrem Wasser zusammendrängten und ihre Beute unter den zur Tränke eilenden Tieren suchten. Die Fundschichten sind randlich immer umgeben von einer Aureole von einzelnen Krokodilzähnen und isolierten Knochen ihrer Beute. Ihre hellbraunen Kotballen, die wegen ihres Phosphorreichtums gegen Auflösung durch Humussäuren noch widerstandsfähiger sind als Knochenreste, und in denen sich Bakterien nachweisen lassen, sind geradezu Leitfossilien für Trichterfundschicht und konnten eimerweise ausgehalten werden. Im Inneren der Trichter finden sich dann vollständigere Reste. Bei den Leichenfeldern verhalten sich die Dinge umgekehrt, sie haben im Innern wenige Krokodilreste, sind aber außen von einem Kranz von Krokodilkadavern umgeben, die teils mumifiziert gebettet wurden, teils subaquatisch durch Fäulnis zergliedert vorliegen. An manchen machten sich Drifterscheinungen unter dem Einfluß windbewegten Wassers bei der Einbettung geltend. Beim Austrocknen der Hochwassertümpel haben die Krokodile, die auswandern mußten, offenbar nicht immer den Schlammstreifen überwinden können, so daß er ihnen zum Verhängnis wurde. Das gilt wohl besonders für trächtige Weibchen. Die Eischalen sind mehrfach durch Lücken des Knochenpanzers hindurch zu sehen. Ein Diplocynodonweibchen hat im Tode noch mehrere Eier gelegt und die Gastrolithen aus dem Magen in den Hals erbrochen. Frisch geborgene Eischalen wiesen noch auf der Innenseite eine rötliche Ovoporphyrinfarbe auf. In einem Trichter auf der unteren Sohle der Grube Cecilie fanden sich auf 3 m langen Streifen 40 Krokodileier, offenbar die Reste eines ehemaligen Geleges, wie sie an den Rändern der Wasserstellen angelegt wurden. Auch embryonale Skelettreste in angebrüteten Eiern wurden gefunden. Zur Bedienung des Kaumagens verschluckte Kieselsteine sind mit den Skeletten meist noch vereinigt. Eigenartig sind Krokodilgewölle, Skelette, deren Knochen, eigenartig zusammengepreßt, oft auch zerbrochen erscheinen. Ein Palaeohippidenskelett und ein solches von Eolacerta robusta sind hier besonders schöne Beispiele. Die Weichteilerhaltung an den

Krokodilresten ist nicht erheblich, Überreste des Coriums machen sich gelegentlich als weißliche Substanz in der Nähe der Extremitäten und des Schwanzes bemerkbar. Man erkennt aber nur ein unregelmäßiges Haufwerk von Tröpfchen und Bläschen, wie es für den Zerfallzustand des gequollenen Bindegewebes charakteristisch ist. Gelegentlich sind auch Faserbündel eingelagert und in noch besser erhaltenen Resten Gefäßreste nachzuweisen. Von Haut und Hornschuppenplatten ist nichts erhalten. Fettzellen sind in einem Coriumpräparat sichtbar. Schlecht erhaltener Knorpel liegt von einer Rippe, besser erhaltener Netz- oder Gerüstknorpel von einem im Ei liegenden Embryo vor.

Eidechsen: Ähnlich wie bei den Anuren liefern die Eidechsen das beste fossile Material ihrer Gruppe, das jemals fossil bekannt wurde. Auch hier ist das Bild ökologisch außerordentlich aufschlußreich. Schwergepanzerte Placosauriden, die für das amerikanische Alttertiär so bezeichnend sind, stummelbeinige Blindschleichen, scheltopusik-artige Bodenbewohner, vorzüglich erhaltene langschwänzige Baumeidechsen sind mit im ganzen 200 Funden vertreten. Schöne Funde entstammen den Leichenfeldern, von ganz besonderer Bedeutung für die Erforschung der Eidechsenfauna des Geiseltals aber wurde der Trichter N. O. (Cl. V.) am Ostende des Mittelstoßes der Grube Cecilie. Er besaß kreisrunden Umriß, reichte in der Mitte, in der das vollständige Urpferdchen-Skelett lag, das zum Wappentier unseres Geiseltal-Museums wurde, 3,50 m tiefer als am Rande. Hier war die Fundschicht 90 cm stark. Nach den Rändern zu aber verdünnte sie sich und war treppenförmig abgestaffelt. Ganz außen lagen verstreut Tausende von Krokodilzähnen, dann kamen zerbissene und in den Boden hineingetretene Streuknochen. Nach dem Innern zu wurde die Erhaltung immer besser. Dieser Trichter wurde auch bedeutsam durch die ältesten bisher nachgewiesenen Vertreter des Landschildkrötengenus Testudo. Auf 348 qm Grundfläche wurden 508 Wirbeltierfunde geborgen, darunter 72 Eidechsen, oft in ganzen Skeletten. Die bestüberlieferte Geiseltalform ist ein Lacertide Eolacerta robusta Nöth. Zu den Placosauridae gehören Placosurus Waltheri Weig. emend. Kuhn, Placosauriops weigelti K., Placosauroides abderhaldeni K. Zur Familie der Anguidae sind zu rechnen Ophisauriscus quadrupes K., aff. Ophisauriscus (Melanosauroides) eucarinatus K., Propseudopus voigti K., Parapseudopus hallensis u. minor K., Melanosauroides giganteus, Ophiopseudopus gracilis K., Glyptosaurus hillsi Gilm., im Ganzen also 12 Arten Anguiden, zu denen noch 6 Arten Iguaniden und Eolacerta robusta Nöth kommen. Also viele verschiedene Formen auf engem Raum. Der schwere Panzer von Placotherium ist heute noch ein offenes Problem, da nichts Analoges bekannt ist. Die Placosauriden haben den Anguiden gegenüber, die noch heute lebende Vertreter aufweisen, als besondere alttertiäre erloschene Familie zu gelten, die sich in die Kreide zurückverfolgen läßt. Daher ist es bemerkenswert, daß sich auch im Palaeocän von Walbeck ein Placosauride, Glyptosaurus walbeckensis K. durch bezahnte Kiefer nachweisen ließ. Bei Walbeck kommen außerdem noch eine ganze Reihe von anderen Eidechsenresten, Kiefer und Wirbel vor.

Im Gegensatz zu den Anguiden sind die Extremitäten der Placosauriden nicht reduziert. Unter den Anguiden des Geiseltals ist Ophisauriscus stammesgeschichtlich besonders interessant. Denn diese „Blindschleiche“ besitzt noch zwei Paar zarte, aber nicht reduzierte fünfzehige Extremitäten. Dementsprechend ist die Verlängerung des Körpers nicht so weit gediehen. Melanosauroides giganteus wurde 1 m lang. Eolacerta robusta, die in 16 Resten vorliegt, besitzt 60 cm Länge. Von Lacerta, mit der sie sonst übereinstimmt, unterscheiden einige primitive Merkmale, die die nicht entwickelte Einschnürung des Schädels, die 1. Halsrippe, die Clavicula und den Tarsus betreffen. Die an Eolacerta zu beobachtenden Epidermisreste zeigen weißlichen Farbton. Die Zellumrisse sind gelegentlich noch sichtbar. Ein Präparat zeigt schuppenartige Verdickungen und Pigmentflecken, die auf zerstörte Melanophoren zurückgehen. Die eigentlichen Hornschuppen sind sehr oft erhalten, z. T. auch als Häutungsreste ohne jeden Zusammenhang mit Skeletten. Die Handflächen mehrerer Arten liegen in ausgezeichneter Erhaltung vor. Gelblich aussehende Coriumreste gleichen im mikroskopischen Bild dem, was bei den Krokodilen gesagt ist. Eolacerta robusta lieferte auch vorzüglich erhaltene Muskulatur mit deutlicher Querstreifung. Eindrucksvoll aber ist die Erhaltung von mit Blutresten prall gefüllten Blutgefäßresten, die die Muskulatur als massive Zylinder durchsetzen. Die einzelnen roten Blutkörperchen haben eine durchschnittliche Länge von 12—15 μ. Die Erythrocyten haben etwas veränderte unregelmäßig ovale Form, manchmal sind sie auch völlig zusammengebacken, wie bei geronnenem Blut. Bei stärkerer Vergrößerung wird der Kernschatten sichtbar. Es ist der erste Nachweis fossiler roter Blutkörperchen überhaupt.

Schlangen: Fast 100 Schlangen sind bei unseren Grabungen zutage gekommen, die sich auf die beiden Arten Paleryx spinifer und P. ceciliesis Barnes verteilen. Sie stammen meist aus den Leichenfeldern und sind jugendliche Individuen, z. T. eben erst aus dem Ei geschlüpft. Das größte Exemplar war 2,30 m lang und besaß 250 Wirbel, gegenüber der Javanischen Pythonschlange, die 10 m Länge erreicht und über 400 Wirbel aufweist. Insofern ist auch bei der konservativen Gruppe der Boiden eine Entwicklungssteigerung, wohl im Sinne des Baumlebens zu verzeichnen. Giftschlangen mit Giftzähnen und besonderem Bau des Schlingapparates durch Lockerung der Schädel- und Mundknochen sind im Mitteleocän noch nicht vorhanden. Ihre Entwicklung ist erdgeschichtlich jüngeren Datums. Die Tötung der Beute erfolgt also wie bei den heutigen Riesenschlangen durch Umschlingen und muskulöses Erdrücken. Die Wurzel der Entstehung reicht in das Mesozoikum zurück. In der palaeocänen Fauna von Walbeck wurden ebenfalls eine Reihe von Kieferknochen einer größeren Pythonide nachgewiesen, woraus dieses höhere Alter ja bereits hervorgeht.

Vögel: Die Vogelfunde sind palaeogeographisch sehr aufschlußreich. Sie zeigen uns, wie durch das Hochwasser ganz verschiedenen Biotopen angehörige Tiere dem Beckeninnern zugeführt wurden. Geiseloceros robustus Lamb. ist ein Nashornvogel, der üppige dichte Ufer- und Galeriewälder benötigt, Eocathartes robustus Lamb. ist ein Kondor, der bemerkenswerterweise im Geiseltal erdgeschichtlich sehr früh nachgewiesen ist. Die Einwanderung erfolgte aber wohl schon im Oberpalaeocän. Er nistet in felsigem Berggelände. Palaeogrus geiseltalensis Lamb. ist als Kranich ein Sumpflandbewohner. Dazu tritt noch mit Palaeotis weigelti Lamb. eine Großtrappe, der Bewohner der offenen Grassteppe. Sie war Lambrecht bisher nur durch Extremitätenreste bekannt. Später wurde ein fast vollständiges Skelett ausgegraben, dessen Magenrollsteine und aus zerkauten eiweißreichen Samen bestehender Mageninhalt zwischen den Skeletteilen zerstreut liegen. Das Tier war stärker zum Laufen spezialisiert als unsere heutige Großtrappe. Die Großvögel des Geiseltals vertreten aber nicht nur verschiedene ökologische Standorte, sondern, von den heutigen Formen her gesehen, auch sehr verschiedene Faunenregionen. Die Nashornvögel leben heute im indoaustralischen Gebiet und in Afrika, die Cathartiden, also die Kondore, ausschließlich in der neuen Welt. Dazu kommt noch eine ganze Reihe von kleineren Vögeln, deren Bearbeitung noch viel Wissenswertes bringen wird. Auch Federn traten in den Leichenfeldern auf, sie wurden z. T. feucht aufbewahrt, im übrigen aber auf Lack abgezogen. Die leichter zu bestimmenden Flaumfedern fehlen allerdings bisher, dagegen fanden sich Schwung -, Schwanz- und Deckfedern. Aus dem Oberpalaeocän von Walbeck liegen eine ganze Reihe von Vogelknochen vor, darunter auch Reste des straußengroßen Gastornis und der Oberschnabelknochen eines Raubvogels.

Säugetiere: Die überaus konservative und langlebige

Gruppe der Opossum ist durch einen Schädel einer ziemlich kleinen Art, Peratherium geiseltalensis Heller, vertreten. Die Fledermausreste gehören mit Cecilionycteris prisca Heller einer bisher nur hier bekannten, altertümliche Gebißmerkmale aufweisenden Gattung an. 25 Exemplare standen zur Untersuchung. Die vollständigeren Stücke weisen alle Reste der Flughaut auf. Die Plattenepithelzellen der Epidermis, denen Pigment eingelagert ist, sind erhalten, die Kerne sind allerdings, wenn überhaupt, nur undeutlich zu sehen. Gut erhalten ist ein Stück Epidermis der Oberhaut des Ohres. Die Zellen sind 20—30 μ groß. Sie sind an der Oberfläche granuliert und weisen meist einen exzentrisch gebogenen großen Pigmentfleck auf, in dem sich bei starker Vergrößerung die einzelnen Melaninkörnchen ausmachen lassen. Die Kerne sind hell gefärbt. Im Zusammenhang mit diesem Hautstück ist elastischer Netzknorpel des Ohres ganz ausgezeichnet erhalten, zusammengesetzt aus unregelmäßig rundlichen Zellen mit dicker Wandung, in verschiedenen Lagen geschnitten. An der Hautgrenze sind die Knorpelzellen viel kleiner. Ein Präparat zeigt nicht nur Flächenansicht, sondern auch einen Querschnitt durch das ganze Ohr. An dem gleichen Exemplar war auch Muskulatur am günstigsten erhalten. Auf 100 μ Länge entfallen 40 Querstreifen. Das Bindegewebe zeigt Auflösung und Quellung der ursprünglichen Fasern in bläschenförmige Gebilde. Von der Behaarung sind feine dunkle Striche auf die Haut projizierten Pigmentes erhalten. Insektenfresserreste sind spärlich. Sehr halbaffenähnlich, besonders durch den Bau der Hände und der Vorderbezahnung, ist Ceciliolemur de la saucei Weig. Die Behaarung besteht aber aus Flaum-, Leit- und Grannenhaaren und Stacheln in der Nackengegend. Der Besitz von Stacheln stellt das kleine zierliche Skelettchen näher an die Insektenfresser. Gerade die letzten Grabungen brachten gute Nagetierfunde. Am stattlichsten ist der murmeltierartige, aber viel primitiver bezahnte Megachiromyoides schlüteri Weig. Außerdem sind noch drei weitere Arten vorhanden, die kleiner sind. Wir besitzen die Reste von 7 Fleischfressern, der größte ist etwa von Pumagröße. Meist handelt es sich noch um Creodontier und zwar Oxyaeniden und Hyaenodontiden. An Paarhufern sind bis jetzt beschrieben: Rhagatherium kowalewskyi Stehlin, Haplobunodon mülleri und Anthracobunodon weigelti Heller. Die Artenzahl ist aber noch größer. Ein der letzten Art nahestehendes Skelett ist in mancher Form bemerkenswert. Die Dünndarmschlingen sind an dem Kotbrei, der sie füllte, noch kenntlich; die eigentliche Henkersmahlzeit, aus einem sandigen Brei zerkauter Samen bestehend, füllt die Leibeshöhle hinter dem Brustkorb. Darüber hinaus aber fanden sich noch Reste des Felles, der Haut und der Muskulatur. Die Haare hoben sich hell gegen die Kohle ab. Die Gewebereste der Epidermis führten Fettzellen. Das Zellplasma erscheint fein granuliert. Muskelreste fanden sich am Femur und an der Wirbelsäule, durch gelblich-weiße Färbung kenntlich. Die Querstreifung ist erhalten, ebenso die Andeutung von Längsfibrillen an den langen Mukselfasern. Es handelt sich einerseits um Wollhaare, aus langfaseriger dunkel pigmentierter Rindensubstanz bestehend, andererseits um Borstenhaare mit besterhaltener Kutikula und Markzylindern.

An Unpaarhufern kommen die Palaeohippiden und die Lophiodontier mit je 6 Arten vor. Von ersteren sind veröffentlicht Propalaeotherium cf. parvulum Laur. var., P. isselanum Blainville, Pachynolophus sp. und zwei Arten von Paloplotherium? Die schönsten Skelette harren noch der Beschreibung, an deren vollständigstem sich die Haare in auf die Knochen projizierte Streifen nachweisen lassen. Auch hier ist Muskulatur und hyaliner Knorpel erhalten.

Die stattlichsten Säugetiere der Geiseltalfauna sind artenreiche Unpaarhufer aus der Gruppe der tapiroiden Lophiodontier, die nur im Eocän, und zwar Europas und Nordamerikas, vorkommen. Sie besitzen keinen Rüssel wie die eigentlichen Tapire, deren freivorspringende Nasenbeine dementsprechend durch eine weite Lücke von den Zwischenkiefern getrennt sind.

Bei Lophiodon berühren sich aber beide Knochenpaare und umrahmen eingeschlossene Nüstern. Zur Zeit des oberen Lutetien, also des oberen Mitteleocäns im Geiseltal durch Paludina pseudammonius Schloth. sicher einhorizontiert, haben sie noch eine ausgedehnte Entwicklung. Die ältesten Formen erscheinen im Untereocän. Schon im Bartonien (unteres Obereocän), wo noch einige große Formen leben, sterben sie aus. Im Ludien (oberes Obereocän) ist Lophiodon erloschen, nur Chasmotherium lebt noch. Während in Messel Lophiodon fehlt, ist es im Geiseltal reichlich vertreten mit kleinen, mittleren und großen Arten. Die Fauna ist eine ausgesprochene Lokalfauna mit endemischen Arten, die durchweg neu sind. Das hat einerseits ökologisch geographische Gründe, andererseits liegt es auch daran, daß sich sicherlich die Funde zeitlich nicht genau an die französischen usw. anschließen. Schertz trennte die Formen durch subtile biometrische Bearbeitung der Gebisse und unterschied Lophiodon subceciliense, ceciliense, parvum, rossbachense und germanicum. Ferner bedurfte es der Aufstellung einer neuen Gattung Panodon mit P. weigelti als bisher einzige Art. Die zahlreichen Skelettreste der Lophiodontidae bedürfen nach dem frühen Tode des Bearbeiters einer zusätzlichen Untersuchung. Lophiodon ist fast in allen Fundpunkten des Geiseltals vorhanden; außerdem konnte er auch in einer Entwässerungsstrecke der Grube Leonhardt, in einer Kohlenbohrung im östlichen Geiseltal und in der Grube Roßbach nachgewiesen werden. Am Nordstoß der Grube Cecilie wurde 1932 ein Trichter angeschnitten und in den Jahren 1933/34 ausgebeutet, obgleich er hoch am steilen Kratzbaggerstoß lag. In 11 Abbauschnitten wurde die Fundschicht in einer Grundfläche von 130 qm ausgebeutet, von 141 Wirbeltierresten gehören allein 110 zu Lophiodon. An der tiefsten Stelle des Einsturztrichters, 7,5 m tiefer als die Ränder der Fundschicht, fanden sich allein 6 Schädel mit Becken und Extremitätenknochen und Rippen vereinigt. Interessant ist eine vollständig erhaltene Durstleiche innerhalb des allen Lebensaltern angehörigen Bestandes. Der

Kopf ist scharf gegen den Rücken zurückgebogen, so daß die Halswirbelsäule eine haarnadelartig scharfe Krümmung macht. Dabei ist der erste Halswirbel zersprengt. Ebenso scharf sind die Beine angewinkelt, Alles entspricht einer biostratonomischen Anordnung, wie sie eintritt, wenn die Sehnen des Kadavers an der Sonne scharf eintrocknen. Daß die Tiere tatsächlich dem Durst zum Opfer fielen und nicht im Wasser macerierten, sondern frei an der Luft lagen, ließ sich auf eigenartige Weise erhärten. Bei durch Verwesung unkenntlich gewordenen menschlichen Leichen wird zur gerichtsärztlichen Untersuchung der Oberarmknochen vom Schultergelenk her in der Längsachse aufgesägt, um durch den Verlauf der Knochenbälkchen im Bereich der Epiphysengrenze gerichtsärztlich das Alter festzustellen. Dabei wurden gelegentlich Fliegenmaden im Mark der Spongiosa festgestellt, die durch die Foramina nutrificia eingedrungen waren, ohne wieder den Weg nach außen zu finden. Nachdem darauf geachtet wurde, fanden sie sich zunächst in der Nasenpartie als weißliche Häutchen, dann aber auch in der Spongiosa dieser Lophiodonreste. Diese Schmeißfliegenlarven lassen sich aufquellen und färben, sie zeigen den Mundapparat und Muskeln, Fett- und Drüsenzellen, den Darm mit Inhalt, die Segmentierung und die ihr entsprechenden angeordneten Reihen feiner Chitinhäkchen, auf denen die Maden kriechen. Lophiodon war kein ausgeprägter Steppenbewohner, er ist von den Wasserstellen zur Grassteppe hinübergewechselt, das beweist Mageninhalt und Kot, der allerdings meist aus Fetzen von Monekotyledonenblättern besteht. Sie sind manchmal von koprophagen Schimmelpilzen befallen. Die Blattreste zeigen aber auch pathogenen Pilzbefall der Gewächse, der sie betraf, ehe sie abgeweidet wurden. Die aus diesem Fundtrichter beschriebenen Reste sind zugleich die erdgeschichtlich jüngsten des Geiseltals, und es bleibt dahingestellt, ob es eine Episode einer Dürrezeit war oder das Klima allmählich trockener wurde.

Reich und ökologisch wichtig ist die Halbaffenfauna des Geiseltals, die hier nur namentlich aufgezählt sei:

I. Chiromyoidea.
   1. Heterohyus heufelderi Heller.

II. Lemuroidea.
   2. Adapis minimus Heller.
   3. Europolemur klatti Weig.
   4. Amphilemur eocenicus Heller.

III. Tarsioidea.
   5. Pseudoloris abderhaldeni Weig.
   6. Necrolemur raabi Heller.
   7. Periconodon sp.
   8. Megatarsius abeli Weig.
   9. Microtarsioides voigti Weig.

Inzwischen sind noch einige Formen gefunden worden, darunter ein durch Vorderzahn belegter sehr kräftiger Chiromyide. Microtarsioides zeigt in der Bauchgegend sehr gut erhaltenes Flaum- oder Wollhaar, die Haare lassen den perlschnurartigen Markkanal und die einzelnen Zellen der Rindenschicht gut erkennen.

Die mit den tierischen Resten gesammelte Flora ist faunistisch einwandfrei als Mitteleocän (Pseudoammoniusschichten) gekennzeichnet, ebenso durch Lophiodon. Es geht daher nicht an, so wie das Kräusel in einer Kritik der Arbeit von Beyn: „Die Einschaltung geformter Pflanzenreste in das Braunkohlenprofil des mittleren Geiseltals“ getan hat, aus der Zusammensetzung der Flora auch ein jüngeres Alter als möglich oder wahrscheinlich hinzustellen. Der Wert dieser Pflanzenaufsammlungen liegt ja gerade in der eindeutigen Horizontierung. Schilfbestände, Palmetto, Kiefernbelt, Grassteppe, gemischter subtropischer Wald wechselte in der Landschaft. Fächer- und Fiederpalmen kommen vor. Die nachgewiesenen 30 Arten sind wohl nur ein Ausschnitt dessen, was vorhanden war. Die von Koeck beschriebene Mikroflora z. B. ein blattaufsitzender Thallophyt, die in Niederländisch Indien heute lebende, auf

Blattepidermen wachsende Alge Phycopeltis usw. bestätigen das ökologische und klimatische Bild.

Das Bild der alten Lebewelt erscheint nach den Geiseltalgrabungen sehr viel vollständiger, aber man kann die Dinge unter zweierlei Gesichtspunkten betrachten. Einmal in Form der Würdigung des Erreichten, andererseits aber in Form von Schlußfolgerungen über das, was zu dieser Lebewelt alles noch gehört haben muß und noch nicht gefunden ist. Solche Schlüsse kann man ziehen aus der Nahrung, die diese Tiere gehabt haben, aus ganz unvollständig überlieferten Tierformen und aus anderem mehr. Wirklich vollständige Skelette liegen bis jetzt keineswegs von allen Tierformen vor. Wenn der Abbau des Geiseltales wieder nach Süden in die basischen Gebiete einschwenkt, muß auch alles daran gesetzt werden, die Zahl der verschiedenen Fundpunkte zu vermehren und größere Individuenreihen zum Studium des Vorganges der Artumgestaltung zu gewinnen.

Es soll im folgenden noch von einem weiteren Fundkomplex die Rede sein, der unsere Kenntnisse in wesentlichen Punkten erweitert. Dazu scheint zunächst ein paläoklimatischer, paläogeographischer Rückblick notwendig zu sein. Charakteristisch für das Mitteleocän ist die Ausbreitung der wärmeliebenden Nummuliten der Thetys bis in das Herz von Frankreich hinein. Hier bauen sie den Pariser Grobkalk auf, dessen Schichten sehr deutlich hervortreten. Bergfeucht läßt sich dieser Pariser Grobkalk sägen, mit der Axt behauen usw. und wird dann lufthart; er lieferte das wundervolle Baumaterial für Paris, dessen Gewinnung die ausgedehnten Hohlbauten der unterirdischen Katakomben dieser Stadt entsprechen. Die Verwitterungsprodukte des Festlandes sind auf trockenem Kalkboden rote Gebilde, wie die wertvollen Bauxite. Diese roten, dichten oder auch pisolithischen Gebilde sind wasserarme Tonerde-Eisengesteine mit geringem Kieselsäuregehalt. Aber es bildeten sich nicht nur Aluminiumerze, sondern auch Eisenerze in Gestalt von Bohnerzen, deren Ausbeutung die meisten übrigen alttertiären

Säugetierfunde Deutschlands und Frankreichs entstammen. Auch in der niederhessischen Senke in der Gegend von Fritzlar und Homberg kam es auf Muschelkalk zur Bildung abbauwürdiger Bohnerze, die kürzlich von Wolfram Bismarck bearbeitet wurden.

Diese festländischen Eisenkonzentrationen gerieten aber auch in den Bereich der Brandung des Nummulitenkalkmeeres, so daß sie am Nordrand der Alpen z. B. bei Kressenberg mit den marinen Versteinerungen zusammen eine Art Minetteerz bilden, das auch abgebaut worden ist. In diesen Erzen fanden sich als Seltenheit die Zähne des Unpaarhufers Lophiodon, den wir als so bezeichnend für die Geiseltalfauna kennen gelernt hatten. Der Beleg dafür findet sich in der Münchener Sammlung. Das Festland, dem die Geiseltalfauna angehört, besaß also gegen den „indischen" Ozean sein Südufer, und zwar am heutigen Nordfuß der Alpen. Und diese Alpen und der Himalaja sind viel jünger als die Geiseltalfauna, sie stiegen erst viel später aus der alten Thetys empor. Wo aber die Durchfeuchtung des Bodens durch hohen Grundwasserstand die Flora begünstigte, so daß die Flüsse der Steppengebiete Galeriewälder führten und die Senken sich mit subtropischen Wäldern, Sumpfwäldern und Palmetto überzogen, das ja gerade für Gebiete mit Trockenzeiten charakteristisch ist, da entstand Humussäureüberschuß, der sich von den tektonisch oder durch Salzauslaugung entstandenen Speicherräumen der Braunkohlenbildung her intensiv auf den unterlagernden Gesteinen geltend machte. So entstanden die in scharfem Gegensatz zu den roten Verwitterungsböden stehenden Bleicherden, wasserhaltige kieselsäurereiche Tonerdegesteine, Kaoline, völlig entbast, also befreit von Kalk und färbenden Elektrolyten wie Eisen und Mangan. Die Bleicherdenbildung hatte schon in der Kreidezeit begonnen. In Schonen z. B. auf einer Insel im Jfösee finden wir Kaoline dieses Alters. Wertvolle Porzellanerden beißen an beiden Flanken der älteren Braunkohlenformation der Leipziger Tieflandbucht in den Porphyrgebieten von Halle und Meißen aus. Sie finden sich auch im S bei Altenburg. Schamotte, feuerfeste Tone, Porzellanerde, Silika-quarzite, Quarzmehle, Glas- und Gebläsesande bilden sehr begehrte Lagerstätten für die Industrie der Steine und Erden. Und je mehr dieser die chemischen Wirkungen der Humussäuren zugute kamen, um so verheerender waren diese Auswirkungen für die Wirbeltierpalaeontologie. Gerade, wo positives Sedimentationsgefälle der Anreicherung von Funden günstig war, löschte der alles vernichtende Säurespiegel jede Überlieferung als unerbittlicher Schwamm von der Tafel der Erdgeschichte. Immer wieder scheiterten wir an dem Versuch, irgendwie und wo ein Fenster durch diesen Säurespiegel nach unten zu öffnen. Denn die eocänen Säugetierfaunen sind nicht die ältesten. Zwischen der Geiseltalfauna und dem Ende der Kreidezeit klafft eine Überlieferungslücke von 25—30 Millionen Jahren. Zwischen der obersten Kreide und dem Danien liegt das in manchen Gebieten der Erde sehr mächtig entwickelte Paleocän. Terrestre Bildungen dieses Zeitabschnittes sind am vollständigsten in Nordamerika in großen Binnenbecken abgelagert worden, die sich von Neu-Mexiko im S bis weit nach Kanada hinauf verfolgen lassen. An der Ostseite der Kordilleren bilden sie den Zug, der sich aus der verlandenden oberen Kreide entwickelt, der bereits Brack- und Süßwasserschichten sowie Braunkohlen eingeschaltet sind. In diesen paleocänen Becken, also dem Big-Horn-, Bridger- und Green-River-Becken in Wyoming und im Uinta-Becken an der Grenze von Colorado und Utah, finden sich die ersten weit ausgebreiteten Säugetierfaunen, die sich durch Unterbrechung der Überlieferung in drei zeitlich getrennte auflösen. Am vollständigsten ist ihr Nachweis im San Juan-Becken in Neu-Mexiko möglich, wo sich folgende Gliederung der Sedimente wie der für sie bezeichnenden Säugetierbestände ergibt: Unteres Paleocän = Puerco, mittleres P. = Torrejon und oberes P. = Tiffany. Aber dieser N/S gerichtete Zug terrestrer Sedimente läßt sich im N in eigenartiger Weise nach O verfolgen, so daß ein für das damalige

Klima außerordentlich wichtiger Landabschluß des zur Thetys zunehmend sich weitenden Atlantik kenntlich wird. Ein Gürtel von terrestren Sedimenten und Kohlen zieht sich vom nordamerikanischen Kontinent über Grinnelland, Grönland, Spitzbergen, Island, Großbritannien, Frankreich bis ins pannonische Becken. Und diese alttertiären Schichten des nördlichen Landabschlusses des Atlantischen Ozeans weisen Pflanzenreste auf, die wir als Vertreter heute in warmen Zonen lebender Pflanzengattungen ansprechen müssen. Ihr Gedeihen in dem Bereich der Polarnacht wäre biologisch absurd. Die Tertiärfloren im hohen Norden finden sich auf Grönland, Grinnelland, Island, der Bäreninsel und Spitzbergen. Es handelt sich nicht nur um das Vorkommen von Buche, Pappel, Ulme und Eiche, sondern auch von Taxodien, Platanen und Magnolien in Gebieten, die 10—22 Breitengrade nördlicher liegen als die heutige Baumgrenze. Nach dieser Vegetation zu urteilen herrschte damals auf der Höhe des 70. Breitengrades noch ein Klima wie in Kalifornien, und im Bereich des 80. Breitengrades ein solches, wie es für das heutige Mitteldeutschland bezeichnend ist. Wir bekommen also einen breiten Landzusammenhang zwischen dem nordamerikanischen Kontinent und dem aus dem ehemaligen Kreidemeer aufsteigenden Jungeuropa, der auch nicht klimatisch unpassierbar für die Tierwelt war im Sinne einer Filter-Brücke. So wird es begreiflich, daß sich noch in der mitteleocänen Geiseltalfauna, wo sich dieser Landzusammenhang bereits lockert, so starke Anklänge an amerikanische Faunenverhältnisse finden, wie die Placosauriden, die Panzereidechsen, oder der Kondor, die Palaeohippiden usw. Wir werden gleich sehen, daß die europäischen Landsäuger des Paleocäns noch viel enger mit denen Nordamerikas zusammenhängen. In beiden Kontinenten kommen vor Plesiadapis und Phenacolemur, Tarsiiden und Claenodon. Arctocyonides in Europa entspricht Thryptacodon in Nordamerika. Der Multituberculate Neoplagiaulax ist in der Fauna von Reims wie in Nordamerika vertreten usw. Europas Paleocän ist vornehmlich als marin oder brackisch bekannt. In Nordafrika gehen die Kalke des Danien über in marine Kalke des unteren Tertiärs, ähnlich ist es in Albanien, Dalmatien und im Rhonegebiet. Diese paleocäne Südprovinz stand unter dem Einfluß der warmen Wässer der latitudinalen Thetys. Nur in diesem Südgebiet treten die Nummuliten schon im Paleocän auf, im Nordgebiet erscheinen sie später. Man nimmt an, daß sich die Ablagerungsräume der paleocänen Schichten der Nordprovinz, die sich östlich über die Niederlande, Dänemark, Schleswig-Holstein und Pommern nach Polen und Südrußland ausdehnten, mit dem arktischen Ozean in Zusammenhang standen. Von diesem Meeresabschnitt soll das vom Kanal durchschnittene Anglogallische Becken mit dem Paleocän des Londoner und Pariser Beckens nur eine Seitenbucht erfüllen. Der Landzusammenhang des jungen Europa mit Nordamerika umgriff sie also im S und W, bis die Thetys Zusammenhang mit ihr erlangte und die Nummuliten auch hier erscheinen. Außer den marinen Schichten spielen aber auch Brackwasser- und Süßwasserschichten eine Rolle, das Bild der Entwicklung der einzelnen Becken ist nicht einheitlich, ihre Parallelisierung infolgedessen auch schwierig. In Ungarn finden sich brackisch limische Ablagerungen des unteren Paleocäns im Graner Braunkohlenbecken und im Gebiet von Ofen. Die Braunkohlen von Ajka im Bakony-Wald sind älter und entsprechen der Laramiekreide. In Rußland, im Gebiet von Saratow und Simbirsk entspricht die untere Syrsanstufe dem Montien, die obere dem Thanetien, die Saratowstufe dem Sparnacien. Im Pariser Becken wird das Montien aufgebaut aus dem Foraminiferenkalk von Meudon, den weißen Mergeln von Meudon und darüber lagerndem Süßwasserkalk. Im Thanetien dringt das Meer wieder vor und hinterläßt die Sande von Bracheux, die vom Süßwasserkalk von Rilly bzw. vom Conglomerat von Cernay überlagert werden. Dieses Conglomerat von Cernay gab einer Stufe, dem Cernaysien, den Namen. In der Umgebung von Reims beginnt das Thanetien mit 1—10 m gelblichen Sanden mit Cyprina scutellaria, darüber 10—12 m Kalke, Sande mit den Resten des letzten europäischen Sauriers Simaedosaurus und marinen Conchylien und darüber der Mergel und Süßwasserkalk von Rilly. Das Konglomerat von Cernay ist ungefähr gleichaltrig mit dieser Schichtfolge und lieferte die alleinstehende oberpaleocäne Säugetierfauna Europas. Das Cernaysien entspricht der nordamerikanischen oberpaleocänen Stufe des Tiffany, deren Faunen enge Beziehungen zueinander besitzen. Der klassische Fundort liegt am NW-Hang des Mont Berru bei Cernay lez Reims. Die Falaise tertiaire der Isle de France, die vom Pariser Grobkalk gekrönte Schichtstufe, die die obere Kreide festungswallartig überragt, buchtet sich bei Reims, das auf Schreibkreide liegt, der Erosionswirkung der Vesle entsprechend, nach W zu zurück, aber ein Zeugenberg, der Mont Berru, überragt die schneeweißen Ackerböden der Champagnerkreide, die ihn umgeben. Er trägt eine Redoute der Außenbefestigung von Reims auf seinem Gipfel, die von zwei kleineren Forts flankiert ist. Gerade da, wo das fossilführende Konglomerat ausbeißt, lagen im vorigen Krieg die deutschen Stellungen. Die Schützengräben und die Granattrichter öffneten die Fundschicht. Die Gesteinszusammensetzung ist den Ablagerungsbedingungen entsprechend außerordentlich wechselnd. Das Konglomerat besteht aus sperrig eingelagerten, gerollten Phosphoriten, Kreide- und Feuersteinbrocken und kleinen Quarzkieseln. Ursprünglich haben hier terrestre paleocäne Ablagerungen gelegen. Das wird deutlich aus Lagen schokoladenfarbener Sande, die durch Aufbereitung von Braunkohlenschichten entstanden. Das Konglomerat ist etwa 2,60 m mächtig und dort am besten entwickelt, wo es unmittelbar auf der Schreibkreide aufruht. Dort führt es auch am häufigsten Knochen und Zähne von Säugetieren. Aber schon östlich von Cernay lez Reims ist eine Mergelgrube angelegt, in deren Eingang Schreibkreide das Konglomerat unterlagert. Aber schon im Innern der Grube schaltet sich der weiße Stubensand von Rilly dazwischen, und die transgredierenden Mergelschichten sind völlig gespickt mit

Austern- und anderen weißen Muschelschalen, sie führen weniger und kleinere Gerölle und haben die Struktur von Muschelhakenschüttungen, so wie sie heute etwa an der nordamerikanischen Golfküste zu beobachten sind. Dementsprechend finden sich wenig Säugerreste und reicher die Reste der Bewohner der Lagunen und Brackwässer, also Haifisch- und Rochenzähne, Krokodilreste, Flußschildkröten und die Knochen des letzten europäischen Sauriers, der die Kreidegrenze überschreitet. Diese Knochen sind zum Teil mit Austern bewachsen. Haifische und Krokodile trugen wohl aber zur Anreicherung der Knochen und Zähne der ihnen zur Beute gefallenen Säugetiere bei. Es ergibt sich also das strandnahe Gebiet einer Meeresbucht mit Küstenprärie, Flüssen mit Galeriewald, sumpfigen Senken mit Kohlenbildung, Brackwasserlagunen und vom Küstenversatz geschütteten Muschelschillnehrungen und Hakken. Die Fauna von Reims setzt sich zusammen aus dem Multituberculaten Neoplagiaulax eocänus Lem., aus den Insectivoren Adapisorex und Adapisoriculus, den acreoden Creodontiern, aus dem Mesonychiden Dissacus europaeus und gaudryi Lem., aus Plesiadapis tricuspidens. Die größte Form ist ein Creodontier aus der Familie der Arctocyoniden, Arctocyon primaevus Bh., der frühzeitig durch einen vollständigen Schädel bekannt wurde, durch einen Creodontier aus der Familie der Oxyclaeniden Arctocyonides trouessarti Lem. Zu den Condylarthren gehört Tricuspiodon rutimayeri Lem. und die viel moderner wirkenden Formen Pleuraspidotherium und Orthaspidotherium. In Dänemark entspricht dem Montien der Glaukonitmergel von Kopenhagen und Lellinge mit seiner verzwergten, aber reichen Meeresfauna, dem Thanetien der Kertemindemergel mit Spongiennadeln und Foraminiferen und dem Sparnacien graue, fossilreiche Tone. An der Basis des Montien ist eine Transgression zu beobachten, die sich von Dänemark bis nach Nordhannover und Berlin sowie über das westliche Ostseegebiet erstreckte. Wir kennen, als Geschiebe von Skandinavien stammend, das Echinodermenkonglomerat, das abgerollte Fossilien des Danien und Conchylien der Kopenhagener Paleocänmergel enthält und glaukonitisch ist. In vielen Bohrungen Norddeutschlands wurde marines Paleocän angetroffen, so bei Heide in Holstein und östlich Lüneburg. Es ist verbreitet in Schleswig-Holstein, Mecklenburg, Pommern und in der Mark Brandenburg. Die Facies dieser paleocänen Schichten wechselt sehr stark, es kam wiederholt zu Transgressionen und Regressionen. Die erdgeschichtliche Situation ist eben die, daß sich das ehemalige Danienmeer auflöst in einzelne Becken, in denen durchgehender Faunenaustausch verhindert wird, während Brackwassereinfluß und Aussüßung immer wieder Verbreitungsschranken schafft. Gehörte die Mitteldeutsche Scholle damals zum Festland? Das war anzunehmen. Aber die paleocäne Landoberfläche unterlag damals und später der Abtragung, der alles vernichtende Säurespiegel des mittleren Eocän ging in Gestalt seiner Vegetationsdecken und seines warmen, an der Küste besonders feuchten Klimas darüber hinweg. Deutschland besaß keine paleocäne Säugetierfauna, und es sah so aus, als ob nie eine zutage kommen würde. Aber gerade die Überlieferungslücke von der Landwerdung nach der Kreidezeit bis zur eocänen Säugetierfauna vom Geiseltal umfaßte einen Zeitraum von etwa 30 Millionen Jahren. Einhundert Jahre später als am Mont Berru in Frankreich, 600 km Luftlinie davon entfernt gelang uns nun auch in Deutschland die Auffindung einer paleocänen Fauna. In einer geologisch hochbedeutsamen Gegend, der Zerrungszone der eigenartigen Salzlinie des Allertals fiel uns trotz aller widrigen Umstände im Wechselspiel tektonischer Hebung, Auslaugungssenkung, Spaltenbildung, Verkarstung und Nachfall in Hohlräume eine Erhaltungsoase in die Hände, deren quantitative Ausbeutung uns nicht etwa bloß eine Andeutung paleocänen Säugetierlebens bot, sondern ein reiches Material von 15000 Knochen und Zähnen. Wenn es sich auch um isolierte Stücke handelt, z. T. auch zerbissen von Räubern und gerollt vom Wasser — das wirkt unscheinbarer als die ganzen Skelette aus der Braunkohle —, so dürfte diese neue Entdeckung wissenschaftlich nicht minder bedeutsam sein als die Ausgrabungen im Geiseltal. Zwischen dem aus paläozoischen Schichten aufgebauten Flechtinger Höhenzug und der vom Lappwald begleiteten Salzaufpressungszone des Allertals liegt die Weferlinger Triasplatte, die sich von NO nach SW abdacht, so daß sie am Flechtinger Höhenzug aus unterem, in der Mitte aus mittlerem und am Allertal aus oberem Buntsandstein besteht. Am SW-Rand aber ist ein schmaler Rand des Muschelkalkes erhalten, der bei Weferlingen ein Plateau bildet. Das Gebiet gehört zur Provinz Sachsen, Regierungsbezirk Magdeburg, Kreis Gardelegen. Am N-Rand dieses Plateaus betreiben die Vereinigten Kalkwerke von Walbeck einen Abbau auf Brennkalk in einer weitgespannten, 12 m tiefen Steinbruchfront. Der Muschelkalk erhielt schon in der Paleocänzeit klaffende Spalten, weil der Gips des darüber liegenden oberen Buntsandsteins der Auflösung anheim fiel, so daß es zu Nachsackungs- und damit verbundenen Zerrungserscheinungen kam. Die Knochen und Zähne entstammten einer N/S verlaufenden Spalte und deren Begleitern, die an den Wänden graugrüne Residualtone enthielt, die steril waren, da es sich ja nur um Auflösungsrückstände des Muschelkalks handelt. Aber das übrige Lumen war gefüllt mit einem Mergel, der gerollte und eckige Quarze, Sandkörner, Muschelgries, verkieselte Muschelkalkversteinerungen, vor allem Nautiluskiefer enthielt, daneben auch kleine wasserklare frei ausgebildete Quarzkristalle. Was wir von diesem Mergelsand bergen konnten, — etwa 670 Zentner —, haben wir mit Lastwagen nach Halle gefahren und durch Siebsätze geschlämmt. So konnten in allerdings mühsamer Arbeit auch die kleinsten Zähnchen und Knochen, die man sonst nie bemerkt hätte, gewonnen werden. Es war, wie es die Biostratonomie erfordert, eine quantitative Grabung. Da die Fundschicht noch 2 m in die Steinbruchsohle hinabging, wurde die Spalte bis zur tiefsten Sohle ausgeräumt. Die eigentliche Landschaft, in der die Tiere lebten, lag viel höher. Sie trug wahrscheinlich völlig entkalkte Lehme, die zur Erhaltung der Reste nicht geeignet waren. Der Muschelkalk war verkarstet mit Quelltümpeln und hochstehendem Quellwasser, ähnlich wie heute in Florida. Wir waren zur Beurteilung des Klimas der Eocänzeit gekommen. Es herrschten optimale Wärmeverhältnisse, unter denen sich intensive chemische Verwitterungsvorgänge an den Gesteinen des Festlandes abspielten. Es war ein Wechselklima mit scharfen Trockenzeiten und ergiebigen Regenzeiten. Das große äquatoriale eurasatische Meer, die Thetys mit ihren warmen Wassern, sozusagen der Indische Ozean, gewinnt immer ausgedehntere Verbindung mit dem Atlantic im Bereich des heutigen Europa. Dieses warme Thetysmeer ist charakterisiert durch die gesteinsbildenden Großforaminiferen der Nummuliten. Diese Nummulitenkalke sind im Himalaja mehrere 1000 m emporgefaltet. Wir finden sie im Mokkatamgebirge in Ägypten, wo sie das Baumaterial der Pyramiden lieferten, und in Ungarn, wo sie getrennt durch einen Süßwasserkalk bunte Tone und ein Braunkohlenflöz, die wertvollen Bauxitlagerstätten bei Tapolca nördlich des Plattensees überlagern. Auch in den Alpen sind sie hoch herausgefaltet.

Diese Quelltümpel waren Krokodilfraßplätze, und auf den Bäumen, in den Karsthöhlen und am Wasser führten die Creodontier ein waschbärartiges Leben. Aber in die offene Felsspalte fielen die zerbissene Beute und die Gewölle der Krokodile, im Strom des aufquirlenden Quellwassers oft solange bewegt, daß Knochen und Zähne gerollt wurden und Felsenbeine als letzte Überbleibsel der zerriebenen Schädel wie Rollsteine zu Hunderten in der Fundschicht lagen. Vieles aber blieb auch ganz frisch erhalten. Zähne und Knochen sind schwarz oder bei Verwitterung des Schwefeleisens bläulich, braun, gelb und weiß gefärbt. Die Reste von Molchen, Fröschen, Eidechsen, Krokodilen und Vögeln haben wir schon mit den Geiseltalfunden besprochen. Das reichliche Vorkommen von Plesiadapis wie in Reims und wie in den Tiffanyschichten Nordamerikas liefert die Zeitmarke oberes Paleocän. Für das gleiche Alter spricht das massenhafte Vorkommen von Arctocyonides, viel reichlicher als bei Reims. Der dort vorhandene Arctocyon wird bei Walbeck vertreten durch Claenodon, ein in Nordamerika häufiges Creodontier-Genus. Er wird nicht so groß, ist aber kräftig und das größte Tier unserer Fauna. Zahlenmäßig kommt er sehr viel spärlicher vor als der Oxyclaenide Arctocyonides, der dem amerikanischen Thryptacodon sehr nahe steht. Letzterer ist so häufig wie in späteren Faunen die Huftiere, etwa die Palaeohippiden. Diese eigenartigen Creodontier gleichen mit ihrem Molargebiß völlig den zu den Unpaarhufern führenden Condylarthren, den ersten „Huftieren", die zunächst aber noch bekrallt waren, ihr Vordergebiß mit den schneidenden Prämolaren wirkt omnivor, bei den Condylarthren sind sie molarisiert. Die Zahnreihe der letzteren ist geschlossen, bei Arctocyonides zeigt sich Reduktion der vorderen Prämolaren, aber auch der Incisiven, die aus dem Saftstrom des Canalis mandibularis verdrängt im Unterkiefer untereinander stehen im Gegensatz zu den Condylarthren. Die Tiere zeigen zwei eigenartige Erscheinungen, die wir sonst als Domestikationswirkungen anzusprechen gewohnt sind:

1. Das disharmonische Gebiß zeigt einen Übergang zu härterer Nahrung. Die Molaren des Oberkiefers sind breiter als lang, haben gewaltige Wurzeln, beengen sich gegenseitig, so daß der letzte Molar, dessen letzte Außenwurzel an den Hintergrund des Zahnes verdrängt erscheint, Reduktionserscheinungen aufweist. Der Bau entspricht gewaltigen Kaudrucken, auch die Unterkiefermolaren stehen sehr eng. Die letzten Prämolaren oben und unten überragen ganz im Gegensatz zu den Verhältnissen bei den Condylarthren erheblich mit ihren Spitzen die Gipfelflur der Molaren, die in ihrem Vergrößerungsbestreben alles in Anspruch nehmen, was die Architektur des Schädels diesem Raumproblem vertikal und horizontal überhaupt opfern kann. Diesen Kaudrucken aber widersprach die dünne Schmelzbewehrung der niedrigkronigen Zähne. Die Höcker werden bald abgekaut und zu Grübchen, die Zahndecke ist mehrfach eingebrochen, und an den Approximalräumen

machen sich gar nicht selten Defekte bemerkbar, die offensichtlich als Karies anzusprechen sind, obwohl diese Zähne noch nicht imstande waren, mit Ersatzdentin darauf zu reagieren. Die Wurzeln zeigen sich unten oft elefantenfußartig oder keulenförmig verdickt mit blumenkohlartiger Oberfläche, hier liegt sekundäre Dentinbildung pathogener Natur vor.

2. Wäre das Material selten, so würde es nahe liegen, eine nach Maßen unterscheidbare Reihe von Arten, etwa 6, aufzustellen. Bei der großen Fülle bezahnter Kiefer und Einzelzähne stehen wir vor der Tatsache, daß trotz größter Streuung der Dimensionen keine Zahnbesonderheiten ausfindig zu machen sind, die zur spezifischen Trennung geeignet wären. Schreitet man zur biometrischen Messung, so ergeben sich trotz der großen Schwankungen harmonische Kurven, bei denen arithmetisches Mittel und Zentralwert zusammenfallen oder ganz nahe beieinanderliegen. Man mußte schon das Beispiel des Haushundes wählen, um diese Größenschwankungen zu übertrumpfen. Der Linnésche Artbegriff ist hier zur Aufteilung nicht geeignet. Insektivorenreste, wahrscheinlich auch eine Fledermaus, sind in der Fauna vertreten. Wenige adaptive Creodontier, also Miaciden und Condylarthren sind sehr spärlich vertreten, aber überaus reichlich Halbaffen und zwar von Chiromyiden außer den kräftigen Plesiadapis kleinere Formen, von denen der amerikanische Phenacolemur bemerkenswert ist. Außerdem aber auch mindestens 2 Arten von Tarsiiden, die gar nicht selten sind.

Hoffentlich bleibt es nicht bei diesem Fundbestand. Schon der biometrischen Untersuchungen wegen wäre es sehr wichtig, noch größeres Fundmaterial einheitlich zu gewinnen, so wie ja auch die Geiseltalgrabungen wieder aufgenommen werden müssen, wenn der Abbau wieder nach Süden schwenkt. Die Suche nach neuen Archivalien der Erdgeschichte ist eine der brennendsten Aufgaben der Palaeontologie, denn Palaeontologie ist ja stammesgeschichtliche Urkundenforschung. Man darf die Phylogenie nicht als verfehlt oder veraltet hinstellen, sondern man muß ihr das Recht zubilligen, das jeder Wissenschaft zusteht, das Recht auf Verfeinerung ihrer Methoden, vor allem auch auf dem Gebiete der Heuristik. Wenn ich Quellkritik treibe, so muß ich erst einmal das Quellmaterial erweitern, und — wenn es unzureichend ist — erneuern; wenn die Materialien unserer Sammlungen den verfeinerten Fragestellungen nicht genügen, dann muß es durch neues ausreichendes ersetzt werden. Die gesamte Biologie hat den Vorteil davon. Dem Walten des Zufalls sollte man einen planenden Generalstab gegenüberstellen, der alle Möglichkeiten durchprüft, ob sich irgendwo eine Bresche zeigt, durch die der Kampf gegen die Lücken der Überlieferung weitergetragen werden kann. Erhaltungsoasen setzen das Zusammenwirken vieler günstiger Faktoren voraus. Man muß diesen Möglichkeiten nachgehen. Urkunden der Stammesgeschichte bedürfen der staatlichen Pflege und des Überwachens wie die Archivalien der Geschichte. Sie gehören der Gesamtheit und sind von unschätzbarem Werte. Darum sind die Grabungen im Geiseltal und bei Walbeck nicht Selbstzweck sondern Programm.

TAFEL 1

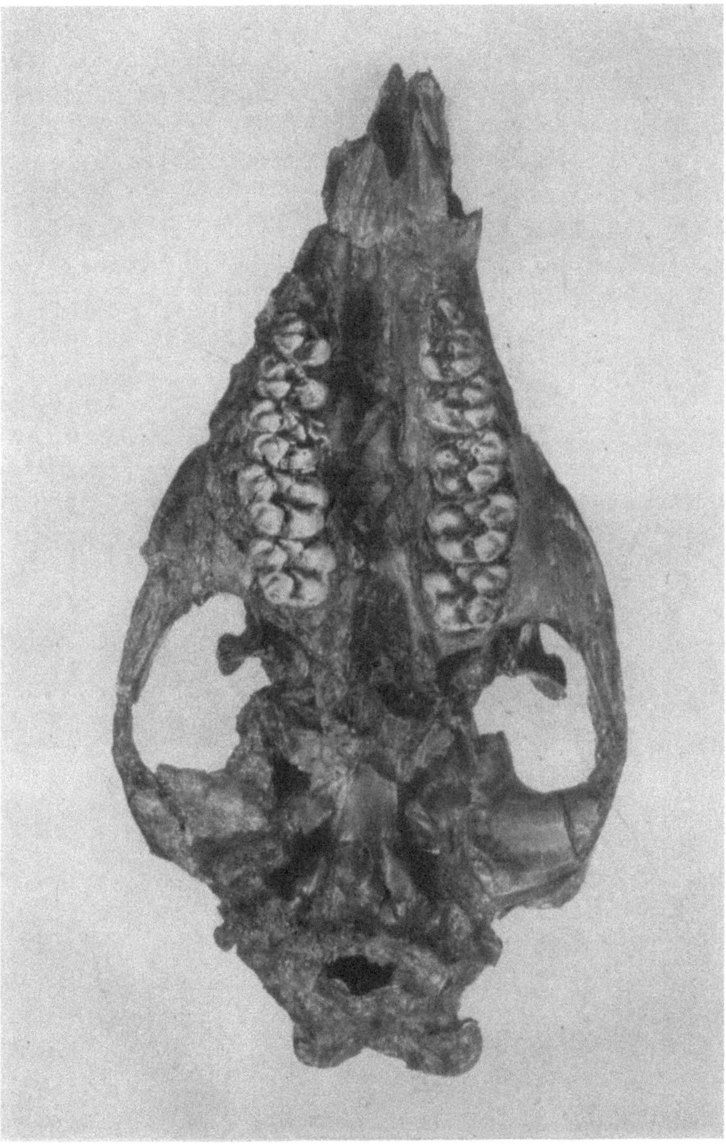

Palaeohippidenschädel von unten gesehen.

TAFEL 2

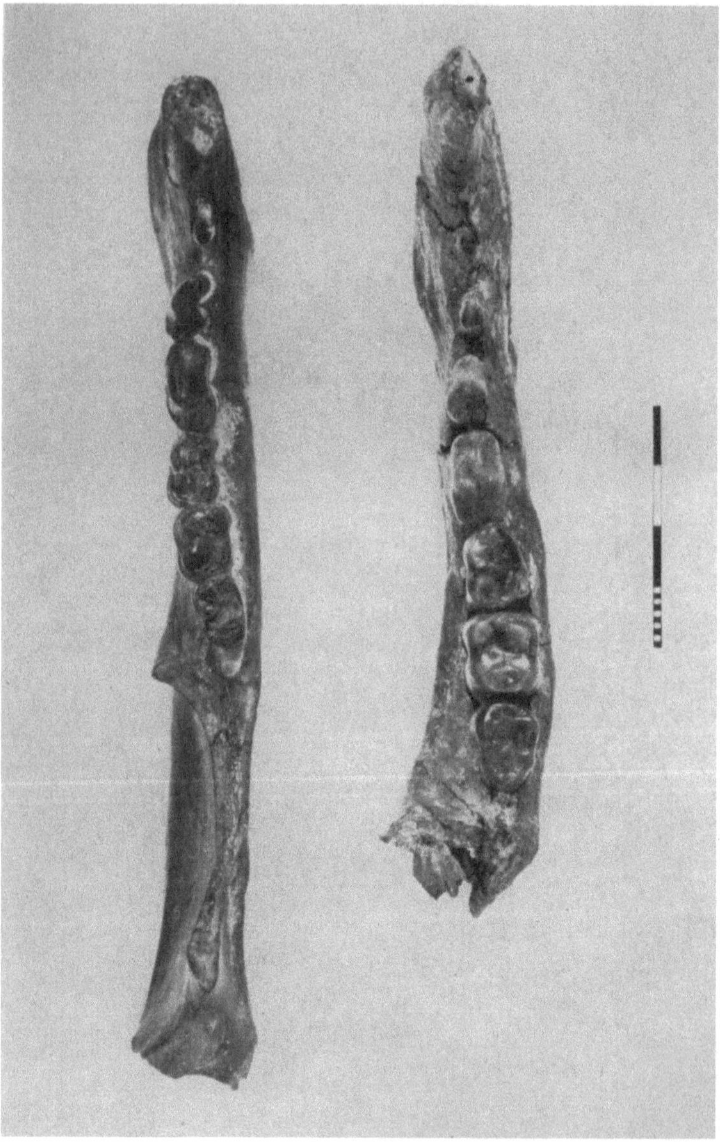

Oben: Unterkiefer von Claenodon sp. von Walbeck. Unten: Unterkiefer von Arctocyon sp. von Cernay.

TAFEL 3

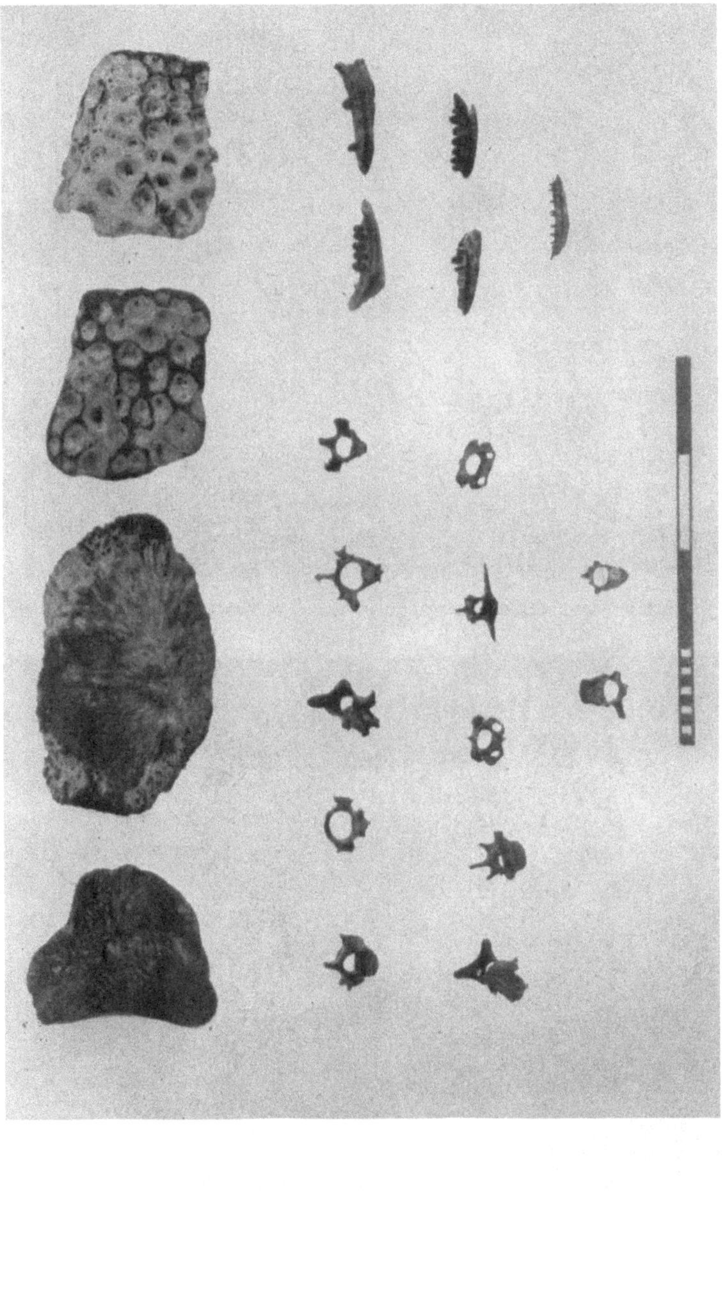

Krokodilplatten, Eidechsenwirbel und Eidechsenkiefer von Walbeck.

TAFEL 4

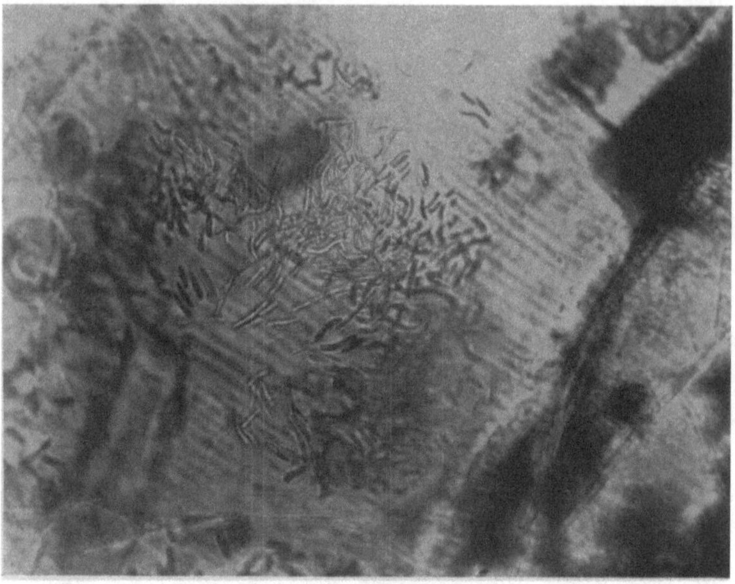

Bakterien und deren Grabgänge in den Tracheen eines Käfers.

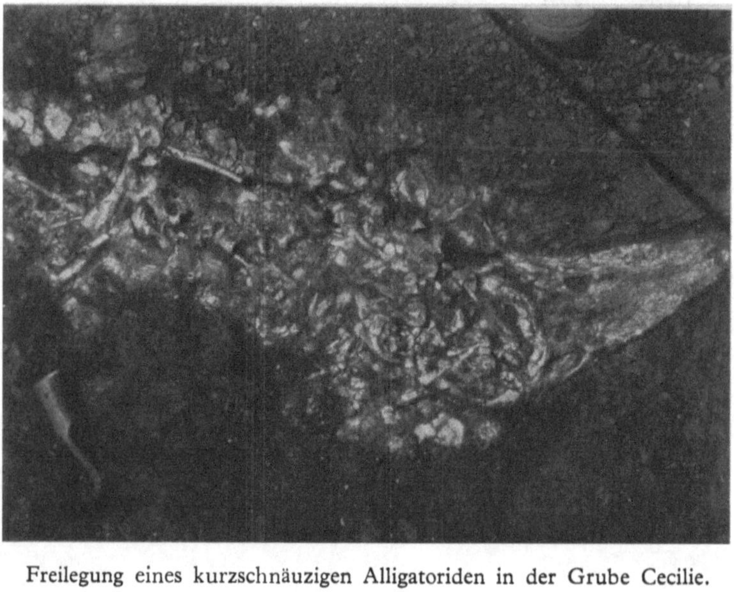

Freilegung eines kurzschnäuzigen Alligatoriden in der Grube Cecilie.

TAFEL 5

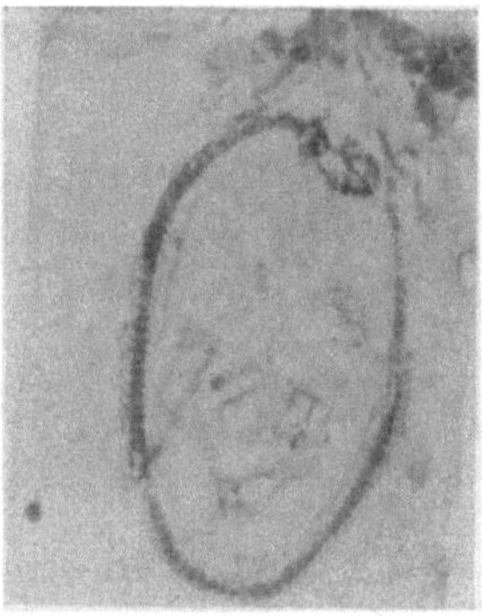

Junge Schlange noch in Eilage.

Ancylus Dutemplei Desh.

TAFEL 6

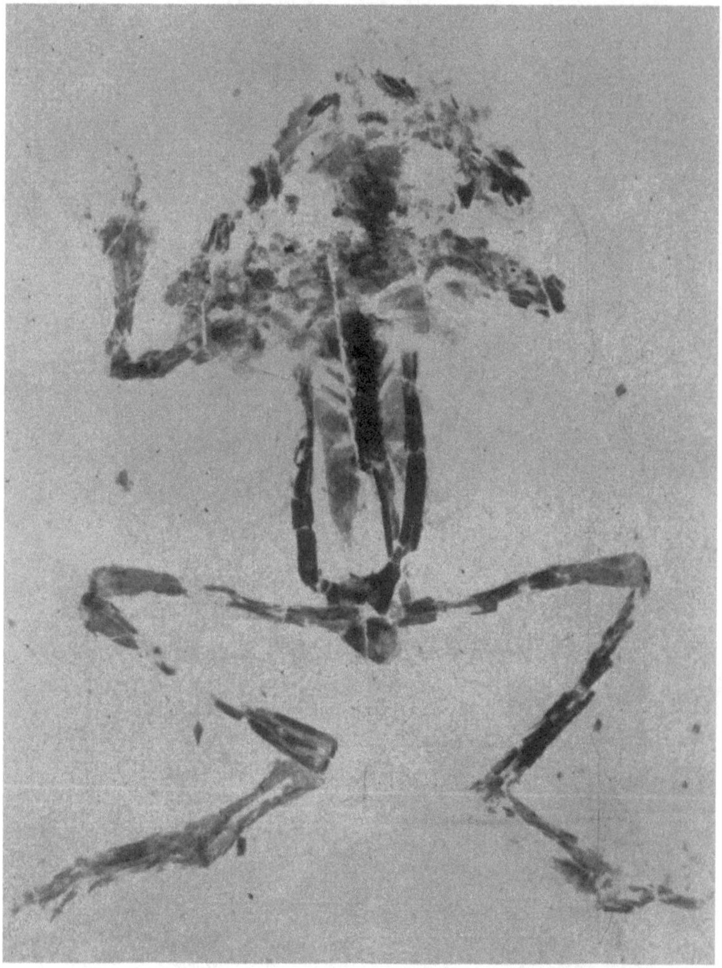

Halleobatrachus hinschei Kuhn. Man beachte die flügelartig verbreiterten Sacralwirbel.

TAFEL 7

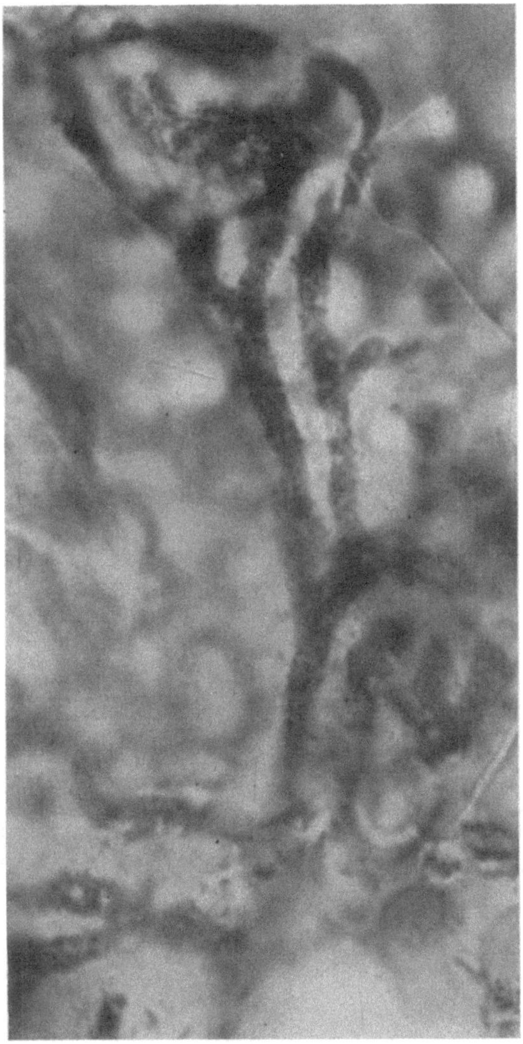

Xantholeucophore oben gelegen, umschlungen von den expandierten Ästen einer Melanophore, deren körnige Füllung sichtbar ist. (Froschhaut)

TAFEL 8

Palaeohippide als Krokodilgewöll.

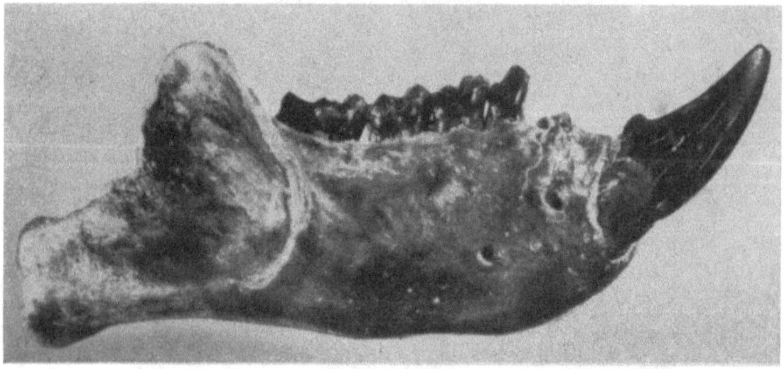

Rechter Unterkiefer von Plesiadapis tricuspidens Lemoine, von außen.
(Vergr. ca. 3×).

VERLAG WALTER DE GRUYTER & CO., BERLIN

FSC
www.fsc.org
MIX
Papier | Fördert gute Waldnutzung
FSC® C083411

Kolibri 360 GmbH
Ferdinand-Jühlke-Straße 7
99095 Erfurt, Deutschland
produktsicherheit@kolibri360.de